인간동력,
당신이 에너지다

인간동력, 당신이 에너지다

저자_ 유진규

1판 1쇄 발행_ 2008. 12. 22.
1판 5쇄 발행_ 2014. 11. 27.

발행처_ 김영사·SBS 프로덕션
발행인_ 김강유

등록번호_ 제406-2003-036호
등록일자_ 1979. 5. 17.

경기도 파주시 문발로 197(문발동) 우편번호 413-120
마케팅부 031)955-3100, 편집부 031)955-3250, 팩시밀리 031)955-3111

값은 표지에 있습니다.
ISBN 978-89-349-3277-2 03530

독자의견 전화 031)955-3200
홈페이지 http://www.gimmyoung.com
이메일 bestbook@gimmyoung.com

좋은 독자가 좋은 책을 만듭니다.
김영사는 독자 여러분의 의견에 항상 귀 기울이고 있습니다.

인간동력,
당신이 에너지다

당신의 팔과 다리로, 화석에너지를 대체하라!

유진규 지음

김영사

지난 100년간 지구촌의 에너지 사용량은 20배 가까이 늘었다. 삶은 안락해졌고 문화는 풍요로워졌다. 그러나 그 대가로 우리는 지구온난화라는 심각한 재앙과 맞닥뜨리게 되었다. 지구온난화 문제 뿐 아니라 아토피 피부염, 천식, 각종 알러지성 질환들도 결국은 에너지 과다사용에 따른 환경문제에서 온 것들이다. 나는 다큐멘터리를 만들면서, 그리고 이 책을 쓰면서 인간동력이야말로 가장 효율적인 대체에너지이자 21세기에 인류가 당면한 최대과제인 '생물권 존속'을 위해 우리가 선택해야 할 새로운 라이프스타일이라고 믿게 되었다.

사실 인간동력에 관한 취재를 시작하면서도 인간동력이 '대체에너지'의 반열에 들 수 있다고는 생각하지 못했다. 페달발전기나 인력자동차 같은 것들을 만들어 사용하는 사람들을 그저 재미있게 보여주면서 인간동력을 흥미로운 에너지 절약 방법 정도로 소개할 생각이었다. 그러나 취재가 끝나갈 무렵, 나는 인간동력이야말로 인류의 가장 오래되고 가장 오래까지 존속할 소중한 자산이며 그 어떤 신재생에너지보다 뛰어난 대체에너지라는 것을 알게 되었다. 다큐멘터리 제작을 마친 후 나는 대부분의 이동을 자전거로 하게 되었고, 손으로 돌리는 수동세탁기를 구해 집 안에 들여놓았다. 생활에 약간의 인간동력을 도입하는 것은 그리 먼 얘기도 아니었고 그리 어려운 일도 아니었다. 덤으로 허리둘레도 좀 줄었다.

물론 '인간동력'이란 생소한 말에 거부감이 들거나 공감하기 어려운 분들이 있을 줄로 안다. 나 역시 처음에는 그런 불쾌한 어감을 떨치기 어려웠다. 처음 다큐멘터리의 기획안을 쓰면서 해외의 논문자료에 일괄적으로 'Human Powered(사람의 힘으로)'라고 표현된 것을 우리말로 어떻게 부르면 좋을까 고민했었다. 인간동력이라는 말은 왠지 갤리선의 노예들을 떠올리게 했다. 그러나 결국 적당한 말을 찾지 못한 채 인간동력이라는 말을 그대로 쓰기로 했다. 그런데 오히려 이 말이 주는 불편한 어감은 리서치와 촬영기간 내내 나를 올바른 방향으로 이끌어주는 고마운 힘이 되었다. 사람의 힘이 동력원이 되려면 무엇보다 자발적이고 즐거워야 한다. 이 책을 쓰는 동안 나는 피라미드를 건설한 노동자들이 노예가 아니라 자유로운 시민들이었을 것이라는 견해에도 동감하게 되었다.

오늘날 지구촌에는 7억 대의 자동차가 있다. 그중 5억 대가 자가용 승용차다. 자가용 승용차 소유자들은 자동차 운행의 절반을 자신의 주거지로부터 10km 이내의 거리를 왕복하는 데 쓴다. 이 정도 거리는 걷거나, 자전거로도 충분히 이동이 가능하다. 인간동력은 지구를 살릴 묘책이 될지도 모른다.

그런데 이보다 더 놀라운 것은 인간동력이 그 가능성에 걸맞는 합당한 대접을 전혀 받지 못하고 있다는 사실이다. 촬영을 시작하면서 나는 이 주제에 대해 그 누구도 아직 다큐멘터리를 만들거나 책을 쓰지 않았다는 사실에 놀랐다. 그래서 〈SBS스페셜〉 '인간동력, 당신도 에너지다'는 대체에너지로서 사람의 힘이 갖는 가능성을 다룬 세계 최초의 다큐멘터리가 되었다. 이 책 역시 인간동력을 다룬 최초의 책이 될 것이다.

이 다큐멘터리는 사례를 중심으로 하여 매우 유쾌한 터치로 만들어졌고, 고리타분한 이론이나 통계들은 모두 배제되었다. 인간동력은 즐거워야 한다는 생각을 프로그램의 스타일에도 반영한 결과였다. 프로그램은 재미있으되 한편으로는 내 스스로도 인간동력을 진지하게 다루지 못했다는 점에서 죄를 지은 것 같은 기분이었다. 그나마 이 책이 그런 죄의식을 씻을 수 있는 기회를 주었다. 과학도는 아니지만 최선을 다해 에너지 관련 서적들을 뒤지고 통계수치들을 모았다. 인간동력을 실천하고 있는 사람들의 주장과 삶의 모습을 온전히 전달하려고 애썼다.

다큐멘터리 작업을 함께해준 조미혜 작가님, 출판을 제의해주신 김영사에 감사의 뜻을 전한다.

유진규

6_ 자유를 향한 **인류의 라이딩**

7_ 사람이 **에너지다**

8_ 차라리 **추락을 기뻐**하라

HUMAN POWER

석유를 먹는 사람들

한 장의 사진

5년 전쯤으로 기억된다. 회사에서 집으로 가는 대로변에 대형 헬스 클럽이 새로 생겼다. 낮에는 별로 눈에 띄지 않았지만 늦게 퇴근하는 날이면 이 대형 헬스클럽은 으레 나의 시선을 잡아끌었다. 5층쯤 되는 기다란 건물 전 층이 환하게 밝혀져 있었고, 벽이 없는 건물의 넓고 모던한 구조 탓에 유리창 안쪽이 훤하게 들여다보였기 때문이다. 그 안에는 최신 LCD-TV가 한 대씩 달려 있는 러닝머신 수십여 개가 줄지어 서 있었고, 각각의 러닝머신 위에는 피트니스 유니폼을 입은 사람들이 저마다 수건을 하나씩 목에 걸고 제자리 뜀박질을 하고 있었다.

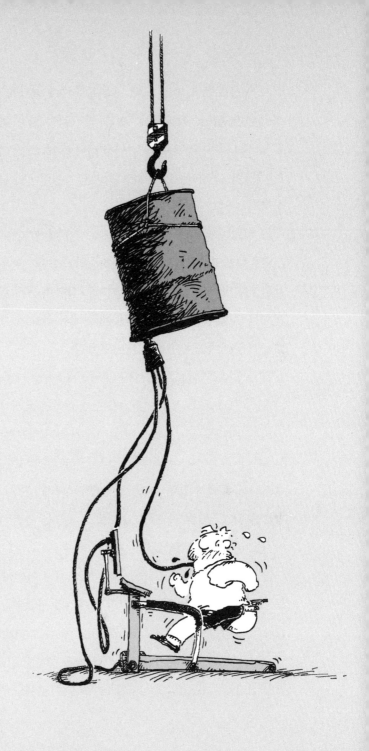

그 광경을 처음 본 순간 내 머릿속에 가장 먼저 떠오른 생각은 '거참 전기세 많이 나오겠네…'였다. 대낮처럼 밝은 조명, 전기모터로 작동하는 러닝머신, 그리고 1인당 하나씩 제공되는 텔레비전… 일렬로 매달린 그 텔레비전만 없었더라도 그 광경에서 하필 전기세를 연상하지는 않았을 것이다.

그 뒤로는 매일 그 헬스클럽 앞을 지날 때마다 그곳에서 운동하는 사람들에게 거부감이 느끼기 시작했다. 그리고 거부감은 날마다 조금씩 커졌다. 결국 나는 그들에게 적개심까지 느끼게 되었다. 하지만 어째서 멀쩡히 운동하는 사람들에게 내가 분노의 감정까지 갖게 되었는지 당시에는 분명히 깨닫지 못했다.

그 후 다른 지역으로 이사를 한 나는 더 이상 그 헬스클럽 앞을 지날 일이 없게 되었다. 막연하고도 곤혹스럽던 적개심도 차츰 잊혀졌다. 그런데 2007년 가을, 인터넷 서핑을 하다가 우연히 한 장의 사진과 맞닥뜨리면서 그 헬스클럽을 다시 떠올리게 되었다. 수십 개의 텔레비전이 매달려 있던 그 헬스클럽뿐 아니라, 우연히 보게 된 그 사진은 우리가 당연히 여기고 있던 많은 것들을 전혀 새로운 시선으로 바라볼 수 있도록 해주었다.

그것은 '수동 믹서기'를 돌리는 한 남자의 사진이었다. 믹서기에는 커다란 핸들이 달려 있어 전기가 아니라 사람의 '팔'로 분쇄날을 돌리도록 되어 있었다. 그 별것도 아닌 사진이 내게는 큰 충격이었다. 바로 이것이다! 전기가 아니라 사람의 힘만으로도 할 수 있는 일들이 얼마든지 많건만 우리는 습관적으로 아무데나 전기를 사용하고 있는 것이다. 전기와 화석에너지를 동의어로 본다면, 결과적으로 우리는 아무데서나 석유를 쓰고 있는 셈이다.

그것은 사실 캠핑용품 광고사진이었다. 그 광고사진이 내게 미친 심리적 효과는 엉뚱했지만 격렬했다. 훌륭한 에너지 대안 한 가지를 제시해주고 있었기 때문이다. 사진 속의 남자가 가지고 있던 그 시원스러운 팔뚝근육 말이다. 생각해보면 '캠핑'이라는 환경 자체가 꽤나

우리는 지극히 간단한 일마저 전기모터에 맡겨놓고 그것을 '문명'이라고 우기고 있지 않은가.

의미심장한 에너지 실험이 아닌가. 전기를 마음껏 사용할 수 없는 야외에서 우리는 오로지 근육만으로 많은 일들을 해치우며 즐거워하지 않던가.

10여 년 전만 하더라도 헬스클럽에는 선풍기 이외에 이렇다할 전기제품이 없었다. 헬스클럽에 놓여 있던 '최신 운동기구'들 역시 복잡해 보이긴 하지만 결국은 무게추의 중력을 이용하는 것들이 대부분이었다. 따지고 보면 어린시절 옆집 형이 거푸집에 시멘트를 부어 만들었던 수제 덤벨과 다를 바 없었다. 그런데 오늘날 헬스클럽들의 가장 기본적인 장비가 된 러닝머신은 그 개념부터가 다르다. 러닝머신은 맨땅을 달리는 것과 똑같은 운동효과를 만들기 위해 전기모터

로 벨트를 구동한다. 땅을 달리는 효과를 내기 위해 땅을 움직이는 것이다.

우리는 움직여야 할 길 위에서는 걷거나 뛰지 않고, 움직이지 않아도 될 실내에서는 걷거나 뛴다. 그리고 이러한 비효율과 과소비를 '문명'이고 '문화'라고 우기고 있다. 특히 러닝머신은 실내용이므로 당연히 조명과 에어컨 시설이 필요하고, 운동의 단조로움을 상쇄하기 위한 텔레비전과 음악까지 구비해야 한다. 도로나 공원을 달리면 단 한 방울의 석유도 소비하지 않지만, 실내를 달리면 엄청난 화석에너지를 소모하게 된다. 그러면서도 이런 생활습관을 건전할 뿐 아니라 매우 유익한 것으로 여기고 있다.

근력을 키우고 뱃살을 빼고 폐활량을 키우는 데 어째서 우리는 화석연료를 사용해야만 할까? 더구나 현대인들이 헬스클럽을 다니는 주된 목적은 바로 '다이어트'다. 지나치게 먹어서 배와 엉덩이에 쌓인 여분의 지방덩어리들을 태우기 위해 화석연료를 태운다는 것은 지나친 아이러니다. 나에게 분노감까지 심어주었던 그 헬스클럽은

화석연료(化石燃料, fossil fuel) 지층 속에 묻힌 동식물의 유해가 고온고압 등 특수한 환경 속에서 오랜 세월을 거치며 화석화되어 생성된 연료군을 말한다. 현대문명이 이용하고 있는 거의 대부분의 에너지가 이로부터 얻어진다. 석탄, 석유, 천연가스 등이 이에 속하는데, 높은 에너지효율에도 불구하고 한정된 매장량과 환경오염의 문제가 갈수록 심각하게 대두됨에 따라 세계 각국은 이를 대체할 만한 신재생에너지의 개발에 많은 노력을 경주하고 있다.

고칼로리의 음식을 지나치게 먹은 탓에 늘어난 체중을 감량하기 위해 다시 비싼 에너지를 사용하는 현대인들의 모순적인 소비행태를 상징하는 곳이었다.

나는 곧바로 가까운 헬스클럽을 찾아가 러닝머신의 소비전력을 확인했다. 1,300Wh(Watt/hour). 형광등 40개를 한 시간 동안 켜놓는 것과 맞먹는 전력량이었다. 이 정도의 전력량이라면 제3세계의 한 학교 학생들에게 컴퓨터와 인터넷의 혜택을 줄 수 있고 병원 응급실과 수술실을 운영할 수도 있다.

내가 초등학교 4학년 때 강원도 홍천군의 고향마을에 처음 전기가 들어왔다. 당시 우리집이 보유한 전기제품은 형광등 2개와 텔레비전 1대가 전부였다. 그런데 여기에 냉장고가 추가되고 믹서기와 헤어드라이어, 전기난로와 전기장판이 추가되기까지 10년이 채 걸리지 않았다. 그리고 손으로 돌려 깎는 연필깎이 대신 전동 연필깎이를 사달라고 조르는 아이에게 "그건 낭비야"라고 말하지 않게 될 때까지 또 10년이면 충분했다. 전기가 처음 들어오고 불과 한 세대 만에 연필을 깎는 그 단순하고 하찮은 일까지도 전기로 해치우고 마는 세상이 된 것이다.

그런데 내가 인터넷에서 발견한 그 사진은 이런 트렌드를 반대로 바꾸어 "이제 웬만한 일에는 직접 네 근육을 사용하여 수고하라"고 말하고 있었다. 그리고 나는 그 말이 옳다고 믿게 되었다. 그날 이후로 나는 에너지에 관한 서적과 자료들을 찾아 스스로 공부하면서 과학적인 토대를 쌓는 한편 기존에 갖고 있었던 막연한 생각들을 하나의 믿음으로 키워나가기 시작했다. 〈SBS스페셜〉을 통해 방영된 다큐멘터리 '인간동력, 당신도 에너지다'는 바로 이러한 고민의 과정이자 산물이다. 또한 나는 이 다큐멘터리를 제작하면서 인간동력이 석유고갈, 지구온난화, 건강문제를 동시에 해결하는 가장 손쉬우면서도 직접적인 해결책이라는 사실을 확신하게 되었다.

뱃살의 기원

헬스클럽 이야기를 조금 더 해보자. 헬스클럽에 다니는 사람들의 최대관심사는 날씬해지는 것이다. 몸에 붙어 있는 군더더기 살들을 모두 빼서 예쁘고 건강해 보이는 몸을 갖고 싶은 것이다. 살을 뺄 때 제일 골치 아픈 것은 단연 뱃살이다. 뱃살은 다이어트를 하는 것만으로는 잘 빠지지 않고 강도 높은 유산소 운동을 반복해야만 빠지기 때문이다. 따라서 뱃살을 빼려면 헬스클럽에 오래 다녀야 하고 그만큼 비용도 많이 든다. 도대체 뱃살은 어디에서 오는 것일까?

우리 몸의 모든 구성성분은 음식으로부터 온다. 당연히 뱃살도 음식으로부터 온 것이다. 그런데 오늘날 우리가 먹는 음식의 대부분은 산업화 이전, 우리나라의 경우 1960년대 이전에 먹었던 것과는 질적으로 완전히 다르다. 뱃살의 첫번째 기원은 이 '달라진 음식'이다. 좀 더 자세히 알아보기 위해 육류를 예로 들어보자.

우리는 고기 사이에 마블링이 촘촘히 박힌 쇠고기를 고급으로 친다. 아닌 게 아니라 이런 고기는 부드러워 식감이 좋고 육즙이 풍부하여 풍미가 뛰어난다. 지방기 하나 없는 살코기는 질기기만 할 뿐 맛도 없다. 그런데 근육 속에 마블링이 풍부하게 박혀 있다는 것은, 소가 곡물을 주로 먹고 운동은 거의 하지 않았다는 것을 의미한다. 풀을 먹고 노동을 하는 소는 근육 사이에 군더더기 지방이 거의 끼지 않는다. 소의 마블링, 즉 잉여지방은 그 소가 자신의 생물학적 특성이 요구하는 것 이상의 칼로리를 먹은 결과로 생긴 것이다.

　쇠고기뿐 아니다. 오늘날의 닭고기는 50년 전의 닭고기에 비해 지방함량이 10배 정도나 많다. 정상적인 활동을 할 수 없는 좁은 계사에 가두어놓고 곡물을 주로 먹여 키운 탓이다. 풀을 쪼고 들판을 종종거리며 자라던 산업화 이전 시대의 닭들은 대체로 단백질 식품이었지만, 요즘 슈퍼마켓에서 판매되는 닭고기를 먹으며 훌륭한 단백질 식품을 섭취하고 있다고 생각하는 것은 큰 착각이다.

　오늘날의 닭고기와 쇠고기는 산업화 이전의 고기들보다 칼로리가 훨씬 높다. 그리고 그 초과칼로리는 대체로 곡물사료, 주로 미국산 옥수수에서 나온 것이다. 오늘날 사료용으로 쓰이는 대부분의 곡물, 특히 미국산 옥수수와 콩은 천연가스를 원료로 만들어진 질소비료를 흡수하고 석유를 원료로 만들어진 농약의 보호를 받으며 자란다. 결과적으로 기름기가 많아진 닭고기와 마블링이 잘 잡힌 쇠고기에서 오는 초과칼로리는 모두 그 자체로 화석연료이거나 화석연료 덕분에 가능한 것들이다.

　쇠고기 한 근은 1,600cal, 닭고기는 750cal이다. 한 근의 살코기를 얻기 위해 필요한 사료량만 따져보면 닭고기가 좀 더 '에너지효율적'이다. '닭고기·돼지고기·쇠고기' 순으로 값이 비싼 이유는 사료를 살로 바꾸는 속도와 효율의 차이 때문이다. 광우병 위험성 때문에 요즘 특히 문제가 되고 있는 쇠고기는 화석연료가 가장 많이 투여되는 음식에 속한다. 어째서, 과연 언제부터 우리가 먹는 음식이 이처럼 화석연료에 의존하게 되었을까?

음식은 석유다

'인간동력, 당신도 에너지다'가 3부작 정도로 제작될 수 있었다면, 나는 구체적인 사례탐방이 아니라 인천항에서 첫 장면을 시작했을 것이다. 카메라는 맨 처음 하역장에 쏟아져 내리는 옥수수 낟알을 클로즈업하고, 이어 이 옥수수 더미들의 거대한 규모를 보여준다. 그리고 이 옥수수들이 어디로 가는지를 추적한다. 결과적으로 제작되지 못한 이 '옥수수 시퀀스'는 우리가 음식을 통해 섭취하는 칼로리가 어디에서 오는지를 설명해줄 수 있는 꽤 재미있는 시도가 되었을 것이다.

인천항에서 수입옥수수를 실은 대형트럭은 시커먼 디젤가스를 내뿜으며 경인고속도로를 달려 경기도의 한 사료공장으로 들어간다. 이곳에서 옥수수는 기타 첨가물들과 혼합되어 가축용 사료가 된다. 배합사료에서 옥수수가 차지하는 비율은 50%, 섬유질을 보충하기 위해 밀기울, 콩껍질 등이 추가로 들어가지만 사료의 주된 성분은 옥수수다.

2002년 기준으로 우리나라의 연간 사료소비량은 약 2,000만t이다. 그런데 그 대부분을 차지하는 배합사료의 국내 자급비율은 20% 정도에 불과하고 사료로 쓰이는 곡물은 대부분 수입에 의존한다. 국내에서 1년에 소비되는 사료용 곡물은 878만t으로 우리나라 전체 곡물소비량의 41%를 차지하지만 이 가운데 국산은 19만t에 불과하다. 특히 665만t에 이르는 옥수수의 경우 99.9%가 수입물량이다. 우리가 먹는 소와 돼지와 닭들이 대부분 수입옥수수를 먹고 자란다는 의미다.

이번에는 배합사료를 실은 트럭을 따라가보자. 트럭은 먼길을 달려 강원도 한 농가의 우사에 도착한다. 블록으로 벽을 쌓고 슬레이트로 지붕을 얹은 간이우사 두 동이 있다. 그곳에서 한우 16마리가 자라고 있다. 풀과 볏짚, 쇠죽을 먹던 조상들과 달리 이 소들은 배합사료만 먹으며 쟁기질도 안 하고 우마차도 끌지 않는다. 오로지 이들의 임무는 최대한 빨리 살을 찌우고 자라나 사람의 식탁에 오르는 것이다.

오늘날 우리 농촌에서 소들의 지위는 끔찍할 만큼 추락했다. 전통적으로 농촌의 소들은 인간이 소화할 수 없는 거친 풀과 벼농사의 부산물인 볏짚만 먹고도 큰 힘을 냈다. 농촌에서 소는 매우 귀중한 동력원이었다. 농촌에서도 쇠고기를 먹긴 했지만 매우 이례적인 경우로 한정되었다. 따라서 섬유질을 주로 먹으며 농촌에 동력원을 제공하는 가축으로 진화해온 한우가 곡물을 단백질과 지방으로 바꾸는 능력은 다른 육우 품종들에 비해 다소 떨어질 수밖에 없다. 스테이크용 쇠고기로 인기가 좋은 블랙앵거스Black-Angus 같은 육우는 옥수수 3kg을 신속하게 고기 1kg으로 바꾸며 대략 150일 만에 출하된다. 사실 '150일'은 원래 풀을 먹던 되새김동물인 소가 곡물사료를 견뎌낼 수 있는 한계치이기도 하다. 그에 비해 한우는 고기 1kg을 만들어내는 데 옥수수 4kg을 필요로 한다. 이렇듯 에너지 측면에서는 다소 비효율적이지만 수입쇠고기보다 한국인의 입맛에 더 잘 맞는다는 이유로 한우는 이제 어엿한 육우가 되었다.

오늘날 한우를 먹는 것은 수입옥수수를 먹는 것과 다름없다. 그리고 한우 1kg을 먹는 것은 4kg의 옥수수를 생산하는 데 필요한 에너지를 고스란히 소비하는 일이다. 물론 옥수수가 운반되는 데 필요한 화석연료와 사료공장을 가동하는 데 필요한 전력 같은 부수적인 에너지들은 아직 계산에 넣지도 않았다. 그렇다면 옥수수 4kg을 생산하는 데 과연 얼마만큼의 에너지가 필요할까?

이제 세계최대의 옥수수 생산국인 미국으로 가보자. 미국 아이오와 주에는 가도 가도 끝이 없는 옥수수밭이 있다. 이곳에서 옥수수들은 태양에너지를 전문으로 바꾼다. 옥수수가 영글려면 기본적으로 햇빛, 이산화탄소, 물, 그리고 유기질소가 필요하다. 햇빛, 이산화탄소, 물은 자연적으로 공급되지만 유기질소는 인공적으로 뿌려주어야만 한다.

원래 토양의 유기질소는 박테리아가 공기 중의 질소를 고정하여 만드는 것이지만, 오늘날의 옥수수밭에는 이런 박테리아가 없다. 설사 있다 하더라도 휴경休耕 없이 매년 반복되는 옥수수재배에 필요한 만큼의 질소를 공급할 수는 없다. 그래서 옥수수 재배에 필요한 질소는 화학비료로 충당할 수밖에 없다. 4kg의 옥수수를 수확하는 데 필요한 질소비료는 40g이다. 질소비료를 만드는 데는 원료로 쓰이는 석유와는 별도로 디젤연료가 필요하다. 정확하게 질소 1kg을 만드는 데 소요되는 디젤유는 1.4~1.8l이다. 질소 비료 한 줌을 만드는 데 석유 한 줌이 필요한 셈이다.

이제 가상의 카메라는 트랙터로 뿌려지는 하얀 질소비료를 비춘다. 그리고 농가에 쌓여 있는 거대한 비료포대 더미도 보여준다. 우리가 먹는 옥수수는 곧 이 비료에 다름아니다. 이제 이 비료가 어디서 왔는지를 알아볼 차례다. 비료공장에 가볼 필요도 없이 우리는 화학비료의 원료가 석유라는 것을 알고 있다. 게다가 비료는 제조공정에서 높은 열과 압력을 필요로 한다. 높은 열과 압력을 얻으려면 당연히 높은 에너지가 필요하다. 이 에너지원 역시 석유와 천연가스다. 원료 자체가 석유일 뿐 아니라 제조공정에서도 막대한 화석연료를 필요로 하는 비료는 결과적으로 화석연료의 고밀도 집합체라 할 수 있다.

채식주의자들이여, 절망하라

석유로 비료를 만들고, 그 비료로 옥수수를 키우고, 그 옥수수를 소에게 먹이고, 그 소는 옥수수를 고기로 바꾸고, 그 고기를 우리는 먹

채식주의가 화석연료로부터 자유롭다는 생각은 크나큰 착각이다.

는다. 우리가 먹는 쇠고기는 곧 석유다. 미국의 경우 소 한 마리를 도축할 때 까지 약 1 배럴barrel의 석유가 필요하다고 한다. 그렇다면 한우의 경우에는 그보다 훨씬 더 많은 석유가 필요할 것이다. 옥수수와 화석연료의 이동경로가 더 긴데다 에너지변환의 효율도 서구의 육우들에 비해 떨어지기 때문이다. 이것이 부분적으로나마 한우가 수입 쇠고기보다 비쌀 수밖에 없는 이유를 설명해주기도 한다.

한우 16마리가 석유를 먹고 자라고 있는 강원도의 그 우사 바로 옆에는 나의 아버지가 태어나고 자란 고향집이 있다. 물론 우리 아버지 세대들이 먹던 쇠고기에는 석유가 단 한 방울도 들어 있지 않았다. 쇠고기의 칼로리는 모두 태양에서 온 것이었다. 풀들이 햇빛을 전분으로 바꾸고, 소는 그 풀들을 먹으며 제몸을 키워냈기 때문이다. 아버지는 소에게 좀 더 좋은 풀을 먹이기 위해 꼴을 베러 다녔는데, 단 한 시간 정도의 노동으로 소 한 마리를 먹이는 데 충분한 꼴을 베어

올 수 있었다. 그만큼 소를 먹인다는 것은 특별한 수고로움이 필요없는 지극히 '자연스러운' 일이었다. 그런데 지금 고향집 우사의 소들은 막대한 양의 석유, 막대한 양의 에너지를 먹어치우고 있다. 지구상 거의 모든 곳에서 음식을 생산하는 일은 이제 거대한 에너지 산업이 되어버렸다.

쇠고기 대신 샐러드를 즐겨 먹는 채식주의자라면 어떨까? 그렇다 해도 사정은 좀처럼 나아지지 않는다. 최악의 경우 1cal의 샐러드를 먹기 위해서는 50cal 이상의 화석연료가 필요한 경우도 있다. 이 '최악의 경우'란, 샐러드가 세척되어 플라스틱 일회용기에 포장된 후 냉장유통하는 긴 과정을 거쳐 최종적으로 소비자의 식탁에 올라온 경우를 말한다. 사실 요즘에는 대부분의 채소들이 이렇게 팔린다. 말하자면 산에 가서 직접 나물을 캐지 않는 이상 우리들이 먹는 채소류 역시 많은 화석연료가 투입된 결과로 얻어진 것들이다.

슈퍼마켓에 가면 칼로리의 향연은 더욱 다채롭게 펼쳐진다. 고과

이성화당(異性化糖, isomerized sugar) 생명체의 주요 에너지물질인 당이 대사의 과정에서 거치게 되는 변화의 한 단계를 말하며 '이성질화당'이라고도 한다. 옥수수나 고구마 등 값싼 농작물로부터 채취한 녹말을 포도당으로 가공, 이를 다시 효소처리하여 인공적으로 감미가 뛰어난 이성화당(과당)을 만들 수도 있다. 이성화당은 설탕에 비해 가격이 싸고 액체 형태라 가공이 쉽기 때문에 오늘날 제과 · 제빵에 많이 사용되는데, 특히 청량음료의 제조과정에서 다량 첨가되고 있다. 최근에는 이성화당이 비만촉진제로 지목받으면서 남용을 경계하는 목소리가 힘을 얻고 있다.

당 시럽, 과자, 탄산음료 등 단것들이 아주 싼값에 팔리고 있다. 코카
콜라가 설탕 대신 액상과당을 사용하기 시작한 이래로 옥수수시럽을
이성화시켜 만든 액상과당은 전 세계에 값싼 칼로리를 공급했다. 풍
부한 화석연료를 들이부어 재배한 엄청난 양의 옥수수 덕택으로 우
리는 이전 세대들에게는 귀하디귀했던 단것을 마음껏 즐기고 있다.
그 달콤함은 고스란히 석유다.

뱃살의 첫째 원인이 과잉섭취라면, 두번째 원인은 운동부족이다.
운동부족은 자동차, 엘리베이터, 에스컬레이터, 믹서기, 세탁기 같
은 편의기구들에 기인한다. 이러한 편의기구들을 작동시키는 에너
지는 물론 화석연료에서 나온다. 만약 당신이 '3보 이상 승차'를 생
활화하고 있는 중증 카홀릭이라면, 당신의 뱃살은 대부분 휘발유 덕
택이다. 우리는 불필요한 여분의 체지방을 유지하거나 증가시키기
위해 엄청난 양의 화석연료를 소비하고 있다. 그리고 그 여분의 체지
방을 분해하기 위해 역시 엄청난 양의 화석연료를 소비하고 있다.

'녹색혁명'의 비밀

100여 년 전까지만 해도 지구상에서 구할 수 있는 모든 음식들은 태
양으로부터 왔다. 식물성 음식이든, 그 식물을 먹고 자란 동물성 음
식이든 궁극적으로 그 음식에 들어 있는 칼로리는 모두 태양으로부
터 온 것들이었다.

태양에너지가 고갈될 걱정을 하는 사람은 아무도 없었다. 햇빛은 평등하고 풍부하며 재생가능한 에너지였다. 하지만 알고 보니 태양에너지에도 한계가 있었다. 어떤 특정한 장소와 시점에서 광합성이 생산할 수 있는 에너지의 총량에 제한이 있었던 것이다. 태양에너지는 지구라는 행성에 늘 일정한 양밖에는 도달하지 않는다. 따라서 식량생산량을 늘리려면 경작면적을 넓히거나 경쟁자들을 제거해야 했다.

토지의 확대를 위해 인류는 전쟁을 벌여왔다. 유럽인들은 유럽대륙에 더 이상 확대할 경작지가 남지 않게 되자 세계정복에 나섰다. 탐험가와 선교사의 뒤를 이어 정복자, 상인, 정착민 순으로 이주가 시작되었다. 대항해시대의 제국주의자들은 교역이나 단순한 호기심, 선교 등을 탐험의 이유로 내세웠지만, 그 배경에는 '농업생산량 확대'라는 강력한 동기가 있었다. 탐험가들과 정복자들이 휩쓸고 간

녹색혁명(綠色革命, Green Revolution)
제2차 세계대전 이후 세계의 인구가 폭발적으로 증가함에 따라 전 지구적으로 식량부족 문제가 심각하게 대두되자 세계 각국은 단위면적당 소출이 월등한 신품종의 개발 및 도입, 수리관개시설의 대대적인 확충, 화학비료와 농약의 과감한 투입 등의 방식으로 농업생산성을 획기적으로 개선함으로써 식량부족 문제를 해결하고자 했다. 전 지구적 차원에서 진행된 이러한 농업산업화의 흐름을 '녹색혁명'이라 하는데, 한국의 경우 특히 1970년대 초 필리핀 산 볍씨를 개량한 '통일벼'의 보급으로 식량자급의 길을 열었다고 평가되고 있다.

모든 곳에는 플랜테이션과 자영농장들이 생겨났다. 이러한 정복과 확장은 더 이상 확장할 곳이 없을 때까지 계속되었다.

오늘날 지구상에서 경작가능한 토지는 모두 개간되었다. 남아 있는 땅은 너무 가파르거나 너무 메마르거나 너무 습기가 많거나 너무 척박한 곳들뿐이다. 농업생산량의 증가에는 그만큼의 인구증가가 항상 뒤따랐다. 현재 지구상의 가용한 광합성에너지의 40%를 인류가 독점하고 있다. 지구상의 좋은 땅은 모두 인간들의 차지가 되었고, 다른 생물들은 그 외의 땅에서 겨우 연명하고 있다. 기본적으로 이것이 생태계 문제의 시작이다.

더 이상 경작지를 확대하기 어렵게 되자 '단위면적당 소출'을 늘리기 위한 수단들이 강구되기 시작했다. 그 결과 1950년대 이후 인류의 농업은 급격한 변화를 겪게 된다. 이른바 '녹색혁명'이다. 1950년부터 1980년까지 세계 곡물생산량은 무려 2.5배나 증가했다. 인간이 소비할 수 있는 음식에너지의 양이란 측면에서 30년간 250%는 그야말로 폭발적인 증가세라 할 만하다.

우리는 학교에서 '품종개량'이 녹색혁명을 견인했다고 배웠다. 그래서 '녹색혁명'이라는 용어를 접하면 우리는 으레 '통일벼'를 떠올리게 된다. 하지만 과연 품종개량만으로 쌀이나 밀 같은 식물의 광합성 효율을 2배 이상 끌어올릴 수 있을까? 물론 아니다. 녹색혁명은 사실상 화학비료에 의한 에너지공급의 혁명이 있었기에 가능했다. 거기에 더해 농약이라는 발명품이 식량생산의 필연적 약점들을 보완했기에 가능했다.

사실 통일벼는 바람에 잘 쓰러졌고, 그 볏짚은 소에게 먹이기에도 좋지 않았다. 통일벼의 볏짚은 다른 재래종 볏짚보다 거칠었던 것으로 기억한다. 그래서 1970년대 초 내가 살던 강원도의 산골마을에서도 통일벼는 별로 인기가 없었다. 아침저녁으로 찾아와 통일벼를 강권하는 면서기들의 애원과 협박이 없었다면 자발적으로 통일벼를 심는 마을어른들은 아마 없었을 것이다. 무엇보다도 통일벼는 병충해에 약했다. 생산량을 늘리기 위해 광합성한 모든 에너지를 알곡을 만드는 데에만 쓰도록 개량된 탓이다. 알곡에 모든 에너지를 쏟아부었으니 병충해와 싸울 에너지가 남아 있을 리 없다. 그래서 통일벼에는 농약을 더 많이 써야 했다. 화학비료와 농약, 이 두 가지가 녹색혁명의 진짜 열쇠였던 것이다. 게다가 비료와 농약에 대한 의존도가 높아짐에 따라 녹색혁명의 혜택을 누린 모든 나라들은 비료와 농약을 대량생산·유통하는 다국적기업들에 전적으로 의존하게 되었다.

　화학비료는 천연가스가 원료이고, 농약은 석유로 만든다. 곡물생산량을 2.5배 증가시키기 위해 우리는 엄청난 양의 화석연료를 논과 밭에 들이부었다. 그 결과 녹색혁명은 농업에 소요되는 에너지의 총량을 평균 50배, 최고 100배까지 높여놓았다. 미국의 통계치를 예로 들어보면, 농업에 사용되는 석유는 미국인 1인당 연간 약 400gallon이나 된다. 그중 30% 정도가 비료제조에 쓰이고, 19%가 트랙터 같은 농기구에, 16%가 작물수송에, 13%가 관개灌漑에, 그리고 나머지 3%가 농약제조 등에 쓰인다. 이는 식재료의 포장, 냉동, 판매, 요리용 에너지 등은 고려하지 않은 수치다.

한 끼 식사에 들어간
화석에너지는 얼마나 될까?

우리는 지금껏 화석연료를 먹고살았으며, 점점 더 많은 양의 화석연료를 먹게 될 전망이다. 농업생산에 사용되는 에너지투입량은 해마다 늘고 있지만 곡물수확량은 그만큼 늘지 않기 때문이다. 녹색혁명이 이제 한계효용에 다다른 것이다. 게다가 지력의 저하, 물부족 등의 문제로 인해 현재의 곡물생산량을 유지하기 위해서는 점점 더 많은 에너지를 사용해야 할 것이다. 녹색혁명은 사실상 파산위기에 처해 있다. 태양에너지가 종신연금이라 한다면, 화석에너지는 언제든 꺼내 쓸 수 있는 저축예금과 같다. 녹색혁명은 이 예금통장에 손을 댔고, 점점 더 많은 돈을 인출하고 있으며, 결국 잔고가 바닥나고 있다. 또한 불행하게도 이 통장에는 새 돈이 입금되지 않는다. 화석연료 매장량은 정해져 있기 때문이다.

1994년 데이비드 피멘텔David Pimentel과 마리오 지앰피트로Mario Giampietro는 농업에 사용되는 화석연료 투입량을 정확히 계산하기 위해 에너지의 투입형태를 '체내Endosomatic에너지'와 '체외Exosomatic 에너지'의 두 가지로 나누어 정의했다. 체내에너지란, 음식에너지가 물질대사를 통해 몸 안에서 근육에너지로 변형될 때 생성되는 힘이다. 체외에너지란, 트랙터에서 가솔린을 연소할 때처럼 몸 밖에서 화석연료를 사용하여 얻는 에너지다. 체외에너지 대 체내에너지 비율을 보면 그 사회가 얼마나 화석에너지를 과다사용하고 있는지를 알

수 있다. 피멘텔과 지앰피트로에 의하면, 선진국들은 체외에너지 대 체내에너지 비율이 40:1 정도다. 세계에서 가장 높은 체외에너지 소비국은 미국으로 그 비율은 무려 90:1에 이른다. 개발도상국들의 경우 이 비율은 4:1 정도까지 내려간다. 물론 어느 경우에서나 사용된 체외에너지의 90%는 화석연료다. 게다가 체내에너지의 사용도 직접노동에서 기계조작 등의 간접노동으로 이미 변해버렸거나 변하고 있다.

그렇다면 1kcal의 음식을 생산하는 데 드는 체외에너지는 어느 정도나 될까? 역시 피멘텔과 지앰피트로의 계산에 따르면, 음식 1kcal를 생산하기 위해 소요되는 체외에너지는 10kcal이다. 음식에서 나오는 칼로리의 10배에 해당하는 화석연료를 사용하고 있다는 뜻이다. 우리나라의 체외·체내에너지 비율이 40:1정도라고 가정한다

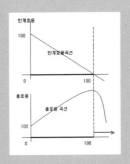

한계효용(限界效用)체감의 법칙 독일의 경제학자 고센(Hermann Heinrich Gossen, 1810~1858)이 제창한 이론으로, 일정한 기간 동안 소비되는 재화의 수량이 증가할수록 재화의 추가분에서 얻는 한계효용은 점점 줄어든다는 이론이다. 즉, 투입의 증가분이 산출의 증가분을 비례적으로 견인하다가 어느 일정한 시점(변곡점)에 이르면 투입의 증가분에 비해 산출의 증가분이 더 이상 의미있게 늘어나지 않거나 오히려 줄어드는 현상을 말한다. 농업산업화의 초기단계에서는 농업에 투입하는 에너지총량을 늘리면 늘릴수록 단위면적당 소출도 비약적으로 늘어났지만, 오늘날에는 에너지투입을 아무리 늘려도 단위면적당 소출은 제자리걸음을 하거나 지력의 저하로 인해 오히려 줄어드는 한계효용체감현상이 나타나고 있다.

면, 우리가 먹는 음식 1kcal는 화석연료 5kcal 정도를 소모한 결과물이다. 성인 1명이 하루 평균 3,500kcal를 먹는다고 할 때, 우리가 식탁에 앉는 것만으로 소모하는 화석연료는 하루에 17,500kcal이다. 농업에 사용되는 화석연료 대신 순수 노동력만을 투입한다면 한 사람을 먹이기 위해 하루에 약 50시간의 노동력이 필요하다는 계산이 나온다. 이 엄청난 간극을 화석연료가 메우고 있는 것이다.

이제 다시 불야성을 이루고 있는 헬스클럽으로 돌아가보자. 그곳의 손님들 대부분은 하루 동안 섭취한 잉여칼로리를 소모하기 위해 그곳에 온다. 너무 많이 먹거나 또는 먹은 만큼 직접노동을 하지 않았기 때문에 그곳에 온 것이다. 러닝머신은 시간당 1,300Wh를 사용하고, 텔레비전 모니터는 한 시간에 80Wh 정도를 사용한다. 조명과 냉난방까지 포함하면 헬스클럽에서 1시간 운동할 경우 1인당 평균 전기사용량이 2kWh 정도가 된다. 이것을 순수노동력으로 환산하면 약 20시간의 노동력에 해당한다. 헬스클럽에 오는 사람들은 하루 평균 50시간의 노동력에 해당하는 석유를 음식으로 먹고, 헬스클럽에서 추가로 평균 20시간의 노동력에 해당하는 석유를 쓰고 간다는 것이다. 너무 많이 먹어서, 또는 노동을 너무 하지 않아서 체내에 지방의 형태로 남은 잉여칼로리를 소모하기 위해 추가로 귀중한 화석에너지를 소비하는 것은 전혀 '지속가능'하지 않다.

원래 러닝머신은 악천후용 조깅 대용품이었다. 그러나 이제는 도로가 가난한 사람들을 위한 운동대용품이 되었다. '문화·문명'이라는 이름으로 소비되는 에너지의 높이는 서울시내의 아파트처럼 점점 더 그 층수를 더해가고 있다. 헬스클럽의 러닝머신은 사소한 예에 불과하다. 방송촬영용 승합차의 운전기사들도 골프 이야기를 할 정도로 이제는 국민스포츠가 된 골프가 얼마나 많은 화석에너지를 소모하고 있는지 알고 나면 뱃살을 줄이기 위해 골프를 치는 행위를 스스로 용인하기가 어려워질 것이다. 뱃살을 줄이는 좀 더 건강한 방법을 찾아나서야 할 때가 되었다.

1

왜
인간동력인가?

인간의 유전자는 홍적세 이후 전혀 바뀌지 않았지만, 우리는 홍적세의
조상들에 비해 1/1000밖에 근육을 쓰지 않는다. 유전자와 라이프스타
일의 간극은 모든 현대적 질병의 일차적 원인이다.

HUMAN POWER

페달로 일구는 풍요

토 요 일   오 후 , 샌프란시스코 공항에 비가 내리고 있
었다. 여객터미널과 렌트카 주차장을 연결하는 무인 트
램(tram, 노면전차)의 앞유리에 겨울비가 세차게 부딪히고 있었다. 창
밖으로 보이는 나무들도 바람에 마구 휘청거리고 있는 것이 예사 날
씨가 아니었다. 내일도 이런 날씨가 계속된다면 정말 큰일이다.

토요일에 맞추어 샌프란시스코에 도착한 것, 그리고 이곳을 첫 촬
영지로 잡은 데는 그만한 이유가 있었다. 인간동력에 관한 리서치를
하던 중 나는 샌프란시스코의 한 환경운동가가 10여 년 전에 쓴 잡지
기사 하나를 발견했다. '인간동력버스를 제안한다' 라는 제하의 이
칼럼은, 샌프란시스코 지역의 턱없이 모자란 대중교통 시스템을 한
탄하면서 차제에 승객이 페달을 밟아서 움직이는 버스를 만들어보자
는 제안을 하고 있었다. 버스의 좌석마다 자전거 페달을 설치하고 여
러 명이 함께 페달을 밟으면 자전거보다 속도도 빠르고 비도 피할 수
있을 뿐 아니라 더 안전하지 않겠느냐는 아이디어였다. 나는 이 아이
디어가 10년의 세월이 흐르는 동안 어떻게 발전했는지 몹시 궁금해
졌다. 인간동력버스라는 게 기술적으로 가능하다면? 만약 어디선가
이런 버스를 만들어 실제로 운행하고 있는 곳이 있다면? 그렇기만

하다면 인간동력에 관한 다큐멘터리의 오프닝씬으로 이보다 더 좋은 그림은 없을 것이다.

인간동력버스에 관한 집중적인 리서치를 시작하자 어렵사리 세 가지 사례를 찾아낼 수 있었다. 첫번째는 네덜란드 아인트호벤의 대학생들이 트럭을 개조해 만든 것이었다. 30여 명의 학생들이 함께 동승하여 페달을 돌려 움직이는 방식으로 강의실과 실험실 사이를 정기적으로 운행했다고 한다. 하지만 아쉽게도 이 버스는 더 이상 운행되지 않고 있었다. 현지 리서치를 담당해준 조력자는 이렇게 말했다.

"학생들이 이벤트성으로 한번 만들어본 정도인 것 같은데 더 이상 추적이 안 되네요. 애초에 만들었던 학생들도 수소문이 안 되고요."

두번째 사례 역시 네덜란드였는데 네덜란드어로 '피에츠 카페 Fietscafe' 즉 '자전거카페' 라는 이름이 붙어 있었다. 포장마차와 비슷한 네 바퀴 수레에 자전거 좌석을 두 줄로 나란히 얹고 사람들이 마주보고 앉아서 차나 맥주를 마실 수 있도록 고안된 것이었다. 차나 맥주를 마시며 페달을 밟는다는 발상이 독특하긴 했지만 이동수단이라기보다는 이색적인 주점에 더 가까워 보였다.

해외촬영 출발 일주일 전, 마지막으로 찾아낸 인간동력버스는 샌프란시스코의 버스사이클Busycle 이었다. 이 14인승 인간동력버스는 샌프란시스코 근교의 팔로 알토Palo Alto를 중심으로 활동하는 '녹색도로를 위한 시민모임' 이라는 환경운동그룹에서 관리하고 있었다. 이 모임을 이끌고 있는 마틴 크리그Martin Krieg에게 연락을 했더니 반색을 하며 취재에 적극협조하겠다는 이메일이 왔다. 마침 예정된 시승행사가 있는데 1월 6일 일요일이라는 것이었다. 이런 행운이 또 있을까. 이미 예정된 이번 해외촬영의 첫 촬영지가 샌프란시스코였고, 촬영약속은 바로 다음날인 1월 7일 월요일이었기 때문이다.

나는 국장에게 말했다.

"추가일정과 비용 없이 잘하면 오프닝 씨퀀스를 건질 수도 있을지도 모르겠습니다. 처음부터 일이 너무 잘 풀리고 있는데요?"

그런데 샌프란시스코에 도착하자마자 공항에서부터 비가 세차게 쏟아붇고 있었던 것이다. 그리고 샌프란시스코의 버스사이클에는 지붕이 없다고 했다. 이 장면은 화사한 햇살 아래 평화롭고 행복해 보여야 의미가 산다. 궂은 날씨하고는 거리가 먼 씬이다.

모텔에 들어서자마자 텔레비전부터 켰다. 웨더 채널의 앵커우먼이 미국 서부해안 전역을 뒤덮고 있는 거대한 소용돌이 모양의 구름 사진을 보여주고 있었다. 앵커우먼은 분명 '몬스터 스톰monster storm'이라고 표현하고 있었다. 뿐만 아니라 이번 폭풍이 동쪽으로 이동하면 그 뒤를 이어 제2, 제3의 몬스터 스톰이 연이어 상륙할 거라고 말했다. 이어지는 화면은 이번 폭풍으로 물난리가 난 지역과 큰눈이 온 지역을 보여주고 있었다. 물난리가 난 곳 중에는 월요일 촬영지인 산호세가 있었고, 눈사태로 교통이 두절된 곳에는 오리건 주의 산악지역이 있었다. 오리건 주는 월요일 오전 산호세에서의 촬영을 마치는 대로 우리가 가야 할 곳이었다. 그곳에는 세계 최초의 인간동력 자동차인 '휴먼카Human Car'의 연구소가 있기 때문이다. 우리는 그곳의 산악도로에서 휴먼카의 속도 테스트 씬을 찍기로 되어 있었다. 예정된 촬영지 전역에 폭풍과 눈보라가 몰아치고 있는 상황이라니! 지구 온난화로 인한 기상이변이 우리의 촬영일정에까지 영향을 미치는 지경에 이르렀다는 얘긴가!

나는 마틴 크리그에게 전화를 걸었다.

"내일 비가 오더라도 행사를 취소하지 말고 일단 모든 회원들이 버스사이클이 보관되어 있는 차고지로 모여주셨으면 합니다."

일단 회원들과 상견례를 가진 뒤 이들을 설득해 '우중운행'이라도 해보도록 할 심산이었다. 버스사이클의 운행 장면은 포기할 수 없었다. 인간동력이 어떤 것인지를 단 한 커트로 보여줄 수 있는 그림이었기 때문이다.

다음날 새벽, 혹시나 하는 마음으로 창문을 열어보았지만 여전히 비가 내리고 있다. 회원들과의 약속은 오전 10시, 우리는 9시쯤 현장에 도착했다. 운행 장면의 촬영이 어렵다면 일단 어떻게 생긴 물건인지 구경만이라도 해보고 싶었다. 버스사이클은 마틴 크리그의 앞마당에 보관되어 있었는데, 비를 맞지 않도록 비닐덮개로 완전히 덮어놓은 탓에 궁금증만 더욱 증폭시켰다.

마틴이 우리를 자신의 집 안으로 안내했다. 그는 자신이 자전거에 관심을 갖게 된 동기며 자신이 얼마나 열광적인 자전거 마니아인지에 대해 열심히 설명했다. 그가 처음 자전거에 관심을 갖게 된 계기는 1982년 버클리에서 리컴번트Recumbent bike 자전거*를 처음 타보면

* 이 책 5장의 '누워서 떡 먹는 자전거?' 편과 '음모에 희생된 혁신기술' 편을 참조할 것.

40

서였다. 앨리 루벤이라는 마틴의 친구가 직접 만든 것이었는데, 차고에서 만든 프레임에 기댈 수 있는 등받이 좌석을 단 것이었다. 리컴번트는 아주 편안했고 엉덩이도 아프지 않았으며 어깨나 등에 통증도 전혀 없었다. 리컴번트를 타본 이후로 마틴은 자전거에 완전히 매료되었다. 그리고 곧 인간동력의 열성적인 지지자가 되었다. 그는 1988년 이후로 자동차 없이 생활하기 시작했다. 현재 그와 그의 가족은 차도, 운전면허도 없다. 대신 그의 집 차고에는 자전거가 50대나 있었다. 여러 형태의 자전거들이 천장에 매달리고 바닥에 차곡차곡 포개져 있는 그의 차고는 마치 중고 바이크숍 같았다. 미국처럼 대중교통수단이 전멸하다시피 한 나라에서 자동차 없이 산다는 것이 과연 가능한 일일까? 자동차 없이 사는 게 불편하지 않은지 묻자 그는 이렇게 대답했다.

"오히려 삶이 훨씬 더 풍요로워졌습니다. 어떤 사람들은 자동차를 버리면 삶의 반경도 축소된다고도 하는데, 제 경험으로는 그 반대입니다."

마틴의 생활거점들은 그가 웹 컨설턴트로 일하는 사무실까지 포함해 모두 반경 6~8km 이내에 있기 때문에 다른 이들에 비해 가용시간이 더 많은 편이라고 했다.

"자전거로는 못하는 게 없어요. 트레일러를 달면 이삿짐까지 옮길 수 있거든요."

그는 『자전거가 당신을 부유하게 할 것이다』라는 제목의 책을 집필중이라고 했다. 나는 물었다.

"'자전거가 당신을 부유하게 한다'라는 것은 어떤 의미에서인가요?"

"자신의 힘으로, 자신의 다리로, 자신의 근육으로 직접 이동하게 되면 새로운 감각의 세계가 열립니다."

나는 그의 말을 들으면서 자연스럽게 소설가 김훈의 자전거 예찬을 떠올렸다.

> 구르는 바퀴 위에서, 바퀴를 굴리는 몸은 체인이 매개하는 구동축을 따라서 길 위로 퍼져나간다. 몸 앞의 길이 몸 안의 길로 흘러들어왔다가 몸 뒤의 길로 빠져나갈 때, 바퀴를 굴려서 가는 사람은 몸이 곧 길임을 안다.

"뿐만 아니라 자전거를 타게 되면 몸이 더 좋아지고 좋은 음식을 찾게 됩니다. 잭인더박스나 맥도널드의 음식으로는 결코 멀리 갈 수 없어요. 힘을 얻기 위해서는 좋은 음식을 섭취해야 하지요. 그래서 좋은 음식에 끌리게 된다는 얘기지요."

이것이 그가 말하는 '부유함'의 시작이었다. 그는 자동차가 미국인들의 영혼에 심어놓은 폭력과 적개심을 제거하는 유일한 방법이 바로 자전거라고 굳게 믿고 있었다.

"자전거에는 평화와 사랑이 있습니다. 자동차를 운전하면 적개심과 폭력성이 나타납니다. 하지만 자전거를 타면 모두가 친구가 됩니다. 인간동력에는 부유함이 있습니다."

행복한 버스

마틴은 자전거로 북미대륙을 두 번이나 횡단했다. 두번째 횡단 여행에서 돌아올 때 그에게는 새로운 세상이 하나 더 열렸다. '버스 사이클'과의 만남이었다. 버스사이클은 원래 MIT출신의 엔지니어 두 명이 보스턴의 폐차장에서 주워온 고물들을 조립하여 만든 일종 의 행위예술품이었다. 좌석은 하버드대학교에서 버린 걸상들이었고 프레임은 기숙사의 침대받침이었다. 바퀴와 구동축은 버려진 닷지 밴Dodge Van을 이용했다고 한다. 거기에 폐자전거에서 가져온 페달과 체인을 양쪽으로 7개씩 달고 각각의 체인이 하나의 구동축을 돌리도 록 한 형태였다. 양쪽의 페달 7개가 돌리는 힘을 하나로 모아주는 트 랜스미션 박스를 만들고 전진과 후진도 가능하도록 했다. 하지만 어 디까지나 '예술품'이었으므로 '속도'는 고려대상이 아니었다. 그래 서 가속기어는 생략되었다. 차체의 무게만 1t이나 되었고 14명의 인 원이 모두 타면 2t이 넘어갔다. 그런데도 이 육중한 버스가 5명의 힘 만으로 움직였다. 모두들 기적이라고 했다.

　마틴은 대륙횡단에서 팔로 알토로 돌아오는 길에 이 버스사이클 과 조우했다. 보스턴에서 견인되어 샌프란시스코까지 이동한 버스 사이클은 전시를 위해 스탠포드대학으로 이동하는 중이었다. 마틴은 버스사이클을 타보지 않고는 견딜 수 없었다. 등받이를 마주하고 바깥쪽을 바라보며 배열된 14개의 의자와 불쑥 튀어나온 자전거 페달, 그리고 자동차와 똑같은 운전석… 마틴은 결국 이 신기한 물건을 따라 스탠포드대학까지 갔다. 그리고 마침내 4명의 대학생들과 함께 이 버스사이클에 올라 페달을 밟아볼 수 있었다.

"마치 다시 태어나는 기분이었어요. 혼자서 페달을 밟을 때는 꿈쩍도 하지 않던 버스가 5명이 함께 페달을 밟는 순간 가볍게 움직이기 시작했습니다. 혼자서 자전거를 탈 때와는 전혀 다른 느낌이었어요. 그것은 연대감이었습니다."

그들은 모두 만면에 웃음을 띤 채 떠들고 고함치며 거리를 누볐다. 버스사이클을 처음 본 시민들도 모두들 즐거워하며 갈채를 보냈다고 한다.

팔로 알토를 미국 제일의 자전거 커뮤니티로 만들겠다는 계획을 가지고 있던 요리코Yoriko Kishmoto 시장은 버스사이클을 보스톤으로 되돌려 보내지 않았다. 버스사이클은 자전거를 비롯한 인간동력 운송수단을 시민들에게 홍보하기 위한 가장 효과적인 선전도구가 될 터였다. 버스사이클은 법적으로도 분명 '자전거'였다. 결국 팔로 알토에서 가장 유명한 자전거 운동가인 마틴은 소원대로 버스사이클의 관리와 운영을 맡게 되었다.

나는 버스사이클을 자세히 보기 위해 차고에서 나왔다. 밖으로 나오는 순간 눈앞으로 캘리포니아의 눈부신 햇살이 가득 쏟아졌다. 거짓말처럼 하늘이 갠 것이다. 사실 나는 아침에 모텔에서 출발할 때

버스사이클을 단 한 번이라도 타본 사람들은 그 순간 느꼈던 연대감과 일체감을 결코 잊지 못한다.

이미 촬영을 포기하고 있었다. 비를 맞으며 버스사이클을 운전하는 것은 아무래도 이 시퀀스의 콘셉트와 맞지 않았다. 그 대신 다른 촬영일정을 마치고 귀국하는 길에 재촬영 일정을 잡는 방법을 생각하고 있었던 것이다.

오전 10시가 가까워오면서 사람들이 하나둘씩 모여들었다. 이들은 '녹색도로를 위한 시민모임'의 회원들로 대부분 실리콘밸리에서 일하는 과학자나 엔지니어들이다. 팔로 알토의 시장 요리코도 자전거를 타고 도착했다. 요리코 시장은 이 단체의 회원은 아니었지만 이미 여러 차례 '초청 드라이버'로 버스사이클을 운전한 바 있다고 했다. 버스사이클을 움직일 만한 인원이 충분히 확보되자 마틴이 승차 명령을 내렸고, 사람들은 일제히 버스에 올라 각자 자리를 잡았다. 요리코 시장은 운전석에 자리를 잡았다.

마틴이 출발과 정지 구호를 전달하는 요령을 설명했다. 버스사이클에 브레이크는 있지만 액셀레이터는 없다. 자동차의 액셀레이터에 해당하는 명령을 내리려면 캡틴이 '출발'이라고 외쳐야 하는 것이다. 그러면 승객들이 동시에 페달을 돌리기 시작하고, 이 힘이 바퀴에 모아지면 버스가 움직인다. 승객들의 다리는 자동차의 엔진에 해당한다. 자전거 페달 하나가 내는 힘은 보통 100W 정도로 계산한다. 페달이 14개 있으므로 100W 엔진 14개를 달았다고 생각하면 될 듯했다. 700W가 1마력이므로 버스사이클의 엔진은 2마력쯤 된다는 계산이 나온다.

마틴은 승객들 전원에게 메가폰이나 경적 등 시끄러운 소리를 내는 물건들을 하나씩 나누어 주었다. 이 시승행사는 최대한 시끄러워야 한다. 사람들을 집 밖으로 나오게 해서 최대한 많은 사람들을 버스사이클에 태우기 위해서다. 나도 회원들 틈에 끼여 버스사이클에 올라탔다. 내가 화면에 나오면 편집할 때 애먹을 수도 있다는 것을 잘 알고 있었지만, 나 역시 이 신기한 물건을 타보지 않고는 견딜 수 없었다.

드디어 마틴이 출발 구호를 외쳤다. 모두들 일시에 페달을 돌리기 시작했다. 혼자 힘으로는 미동도 않던 페달이 신기할 정도로 부드럽게 돌아가기 시작했다. 속도는 생각보다 빠르지 않았다. 우리 카메라맨이 잰걸음으로 걷거나 뛰면서 쉽게 따라올 정도였다. 승객들은 가지고 있던 방울이며 경적을 울려대기 시작했다. 여성회원 한 명은 메가폰을 잡고 거리를 향해 연신 외쳐댔다.

"인간동력만으로 갑니다! 버스사이클에 타보세요!"

마틴의 말처럼 버스사이클의 페달을 밟아보는 것은 매우 특별한 경험이었다. 버스사이클이 움직이자 나도 모르게 미소를 짓고 있었다. 사람들의 일치된 힘만으로 버스가 움직인다! 나는 완벽한 공동체의 일원이 된 듯한 뿌듯함을 느낄 수 있었다. 버스사이클에 한 번 타본 사람들은 누구나 이 물건에 반하게 된다고 한다. 버스사이클이 인간동력에 대한 사람들의 관심을 불러일으키고 실천하도록 하는 힘을 준다던 마틴의 말은 사실이었다.

"버스사이클을 한 번 타본 사람들은 그 순간 느꼈던 건강한 연대감을 잊지 못합니다. 버스사이클이 만들어내는 행복감은 그동안 금속과 유리로 된 상자가 자신들의 삶을 얼마나 우울하게 만들고 있었는지를 마침내 깨닫게 합니다. 버스사이클은 운동과 대화와 신선한 공기입니다."

버스사이클이 현실적인 대체운송수단으로 발전하려면 아직 많은 보완이 필요할 것이다. 하지만 버스사이클은 인간동력의 가능성을 충분히 보여주고 있었다. 버스사이클은 우리가 자동차를 타게 되면서 잃어버렸던 가치들을 기억하게 해주고 있었다. 그러한 깨달음은 버스사이클 시승행사를 통해 사람들 사이에 조금씩 퍼져나가고 있었다. 마틴은 이렇게 말했다.

"모든 마을마다 버스사이클이 한 대씩 있다면, 언젠가는 현대인의 삶이 자동차 위주의 교통시스템에서 빠져나오는 것도 가능할지 모릅니다."

마틴과 회원들은 버스사이클로 북미대륙을 릴레이로 횡단한다는 계획도 갖고 있었다. 샌프란시스코에서 뉴욕으로, 뉴욕에서 다시 마이애미로 북미대륙을 동서와 남북으로 종횡단하겠다는 것인데, 하루에 이동가능한 거리를 1구간으로 설정하고 각 구간에 참여할 자원자들을 그 구간에 해당하는 도시별로 모집하여 릴레이식으로 연결한다는 계획이다. 구간별 드라이버에는 각 도시의 시장을 초청하여 체험해보게 할 생각인데, 이는 지자체 차원에서 인간동력 교통시스템에 관심을 갖도록 유도하기 위해서다. 마틴은 인터넷 홈페이지를 통해 이미 구간별 자원자를 모집하고 있었고, 6개 도시의 시장으로부터 시승에 참여하겠다는 확답을 받아놓고 있었다.

사서 고생하는 백만장자

우 리 는 또 다 른 인간동력 마니아를 만나러 캐나다로 갔다. 캘리포니아에 몰아친 '몬스터 스톰'은 캐나다 서부해안도 휩쓸고 있었다. 밴쿠버 시내의 중심가는 거센 바람에 고층 빌딩의 유리창들이 깨져 거리로 떨어져내리는 바람에 아예 통행이 금지되고 있었다. 호텔은 난방파이프가 터져 온수조차 나오지 않았다.

우리의 목적지는 밴쿠버 섬 서쪽 태평양에 면한 작은 항구 토피노 Tofino였다. 하늘에서 바라본 밴쿠버 섬은 정말 아름다웠다. 비행기가 고도를 낮추며 활주로에 접근하자 원시림에 가까운 침엽수림이 하얀 눈 위로 아름다운 자태를 드러냈다. 침엽수림 사이로 예쁜 집들이 해안을 따라 길게 늘어서 있었다. 여름이면 해안과 숲속에 무려 10만 명의 인파가 몰려 북적대는 관광지로 변하지만, 겨울의 토피노는 그저 작은 어촌이다. 내가 토피노에 간다고 하자 렌트카 카운터의 여직원은 의외라는 표정으로 물었다.

"그곳에 뭐하러 가세요? 거기는 겨울에는 비만 내리는데요?"

실제로 토피노는 지형적인 영향으로 겨울에는 석 달 동안 쉬지 않고 비가 내리는 곳이다. 하지만 우리는 관광 목적으로 토피노에 가려는 것이 아니었다. 우리는 그곳에서 인간동력만으로 대서양을 건너

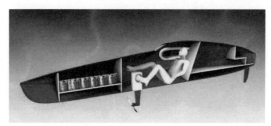

그레그의 페달보트는 물 위를 달리지만, 완전히 밀폐되어 그 안에서
숙식과 배설까지 해결해야 하는 잠수함 같은 공간이다.

기 위해 막 훈련을 시작하는 그레그 콜로지에직Greg Koloziejzyk을 만날
예정이었다.

　토피노 항구의 선착장에 도착하자 그레그는 이미 자신의 인간동
력 보트를 바다에 띄워놓고 그 안에 들어가 이런저런 장치들을 점검
하고 있었다. 그날도 빨리 바다에 배를 띄워보고 싶은 마음에 우리의
카메라를 기다릴 수 없었던 모양이다. 그는 캘거리에 있는 자신의 집
에서 직접 만든 인간동력 보트를 싣고 14시간 차를 달려 토피노에 왔
다고 했다. 그의 배는 4m 정도 길이의 잠수함처럼 생겼는데, 동력원
으로 자전거 페달이 달려 있었고 그 아래에 고정기어로 커다란 프로
펠러가 연결되어 있었다. 앞쪽에는 식량을 싣는 짐칸이, 뒤쪽에는
•장거리여행에 대비해 잠을 자는 공간을 마련해두었다. 이 배를 타고
40일 내에 대서양을 건넌다는 게 그의 계획이었다. 해마다 크리스마
스 이브에는 중미에서 아프리카까지 노젓는 배로 대서양을 건너는
대회가 열린다. 주로 4인승 이상의 단체전인데, 이 대회에서 나온
최고기록이 42일이다.

"똑같은 코스를 보조선박 없이 40일 이내에 횡단하는 게 제 목표입니다."

그레그는 식량으로 뜨거운 물을 부어 바로 먹을 수 있는 건조식을 준비하고 식수는 매일 두 시간씩 바닷물을 담수화시켜 마련할 작정이었다. 하루 두 시간이라는 별도의 노력이 필요한 것이 큰 단점이지만 보조선박 없이 여행하려면 어쩔 수 없는 선택이기도 하다.

보트를 점검하고 나니 날이 어두워졌다. 그레그는 토피노에 머무는 동안에도 배 안에서 숙식을 모두 해결할 작정이라고 했다.

"좁은 공간에 익숙해지기 위한 훈련의 일환입니다."

하루 종일 비를 맞아 굉장히 추울 텐데도 그는 따뜻한 호텔방을 마다하고 저녁도 먹지 않은 채 기어이 보트 속으로 들어갔다. 우리는 배 안에 설치한 관찰카메라를 통해 그의 일거수일투족을 볼 수 있었다. 그런데 그가 좁은 배 안에서 식사를 준비하는 과정은 빠르긴 했지만 약간 위험해 보였다. 30초 내에 한 컵 정도의 물을 끓여주는 순간가열 버너는 편리하기긴 해도 화상의 위험이 있었다. 끓는 물을 건조식량에 부을 때 만약 배가 파도에 요동쳐 전복되기라도 하면 허벅지 부위에 큰 화상을 입을 수도 있는 것이다. 식사를 마치고 잠을 자기 위해 배 뒤쪽으로 들어가는 과정은 그보다 더 어려워 보였다. 배가 워낙 좁은 탓에 몸을 돌리는 데에도 시간이 많이 걸렸고, 슬리핑백 안으로 들어가는 것도 쉬워 보이지 않았다. 이날 그레그가 슬리핑백 안에 편안히 자리를 잡는 데 40분이 넘게 걸렸다.

다음날 우리가 그 문제를 지적하자 그도 인정하며 이렇게 말했다.

기록경신과 매스미디어는 인간동력을 홍보하기 위한 가장 효과적인 수단이다.

"나중에 배를 좀 더 크게 디자인해야 할 것 같아요."

그날밤 문제는 또 있었다. 파도가 거세지면서 배가 선착장에 쿵쿵 부딪히기 시작한 것이다. 밖에서 보면 대단치 않을 수 있지만, 안에서 잠을 자야 하는 사람은 계속 울어대는 큰 종 안에 있는 셈이었다.

그는 도대체 왜 이런 일을 하려고 하는 걸까? 궁금증을 참지 못하고 나는 결국 한밤중에 그레그의 보트를 노크했다. 그레그가 멍한 얼굴로 해치를 열었다.

"아무래도 궁금해서 참을 수가 없어요. 자기 돈을 써가면서 이런 생고생을 하는 이유가 도대체 뭡니까?"

"또 그 질문이군요."

그는 이런 질문을 수천 번도 더 받아본 사람처럼 말했다.

"캐나다의 비만율은 60%가 넘습니다. 이로 인한 건강문제는 천문학적인 비용을 초래하고 있습니다. 저는 심각한 수준에 이른 캐나다인들의 건강문제가 인간동력의 사용으로 해결될 수 있다고 생각합니다."

그레그는 인간동력을 현대사회의 운동부족 문제를 해결하는 가장 효과적인 수단으로 생각하고 있었다. 캐나다인들은 하루 평균 300m 정도밖에 걷지 않는다. 홍적세에 살았던 우리의 조상들이 매일 마라톤 코스에 해당하는 거리를 걸었던 것에 비하면 현대인들은 유전자가 요구하는 최소활동량에 뒤져도 너무 뒤져 있다. 우리의 유전자는 석기시대의 조상들과 완벽하게 동일하건만 우리의 라이프스타일은 그 시절과 달라져도 너무 크게 달라졌다. 신체적 활동의 양적 차이에서 오는 유전자적 환경의 커다란 간극은 비만, 심장병, 대사증후군, 당뇨병 등으로 나타나고 있다. 환경주의 철학자 폴 세퍼드Paul Shepard의 말처럼, 우리의 몸은 홍적세를 떠나본 적이 없기 때문이다. 하루에 40km를 걷도록 디자인된 인간이 하루에 고작 300m밖에 걷지 않는다면 비만해지는 것은 당연하다. 내가 어렸을 때만 해도 동네목욕탕에서 아랫배가 나온 사람들을 거의 보지 못했다. 하지만 요즘에는 탈의실에서 옷을 걸치고 있을 때는 말라 보이는 사람들도 옷을 벗고 탕 안으로 걸어 들어올 때 보면 영락없이 아랫배가 불쑥 나와 있다. 튀어나온 아랫배의 두께는 그 사람이 앞으로 치러야 할 의료비 액수와 비례할 것이다. 그레그는 이렇게 말한다.

"유전자정보가 요구하는 대로 사는 것이 현명한 겁니다. 어떤 사람이 페달동력 보트로 대서양을 최단시간에 건넜다는 뉴스가 텔레비전과 신문을 통해 보도되면, 사람들이 창고나 베란다에 먼지 쌓인 채 방치해두었던 자전거라도 한번 꺼내어 타보는 계기가 되지 않을까요?"

그가 원하는 대로 언론의 주목을 받으려면, 일단 캘거리에서 실어온 인간동력 보트가 대양의 파도에서도 원하는 수준의 속도를 낼 수 있어야 할 것이다. 그에게 이러한 도전은 처음이 아니었다. 그는 이미 인간동력 자동차로 시속 100km를 주파한 기록을 가지고 있었다.

우리는 인간동력 보트의 시험항해를 촬영하기 위해 관광객들이 고래구경을 할 때 쓰는 커다란 모터보트 한 척을 빌렸다. 항구 쪽으로 빠르게 밀물이 들어오고 있어 그레그가 포구에서 벗어날 때까지는 속도가 좀처럼 나지 않았지만, 일단 물살의 영향이 없는 곳으로 나오자 그의 빨간색 페달보트는 점차 속도를 내기 시작했다. 그레그는 이 지역의 물길을 잘 아는 모터보트 선장의 안내를 받아 차분하게 대양 쪽으로 나아갔다. 페달보트는 큰 파도를 만나 전복되더라도 다시 원상회복이 될 수 있도록 뚜껑을 모두 덮어씌워놓았기 때문에 우리는 그가 페달을 돌리는 모습을 직접 볼 수는 없었다. 대신에 우리는 그의 배 안에 작은 카메라 한 대를 부착해두었다.

그는 유리섬유로 보강한 플라스틱의 일종인 FRP로 제작된 이 보트를 자신의 집 차고에서 직접 설계하고 제작했다고 한다. 캐드CAD 설계에서부터 사출성형까지를 모두 직접 했다는 것이다. 인간동력

보트를 만드는 데 있어 가장 중요한 것은 동체 디자인이다. 물 위를 달릴 때 저항을 최소화할 수 있도록 만들어야 하기 때문이다. 그레그는 컴퓨터 시뮬레이션을 통해 동체 디자인을 확정하고 디자인대로 정확하게 동체를 성형해내는 데 성공했다. 전문지식도 필요하겠지만 무엇보다 시간이 남아도는 사람만이 할 수 있는 일이다. 그레그의 이번 도전을 도와주기 위해 캘거리에서 토피노까지 따라온 그의 처남이 우리에게 재미있는 이야기를 들려주었다.

"그레그는 지금 46살이지만 이미 10년 전에 은퇴를 했어요. 20대에 컴퓨터 소프트웨어 회사를 세워 제법 성공했지요. 포토샵을 만드는 유명한 회사 있잖아요, 어도비라고. 그 회사가 그레그의 소프트웨어를 탐냈어요. 덕분에 회사를 통째로 어도비에 넘기고 젊은 백만장자가 된 거지요. 그 후로는 소프트웨어 개발에서 손을 떼고 마라톤에 미쳤었지요. 그런데 마라톤으로는 만족하지 못했는지 철인3종경기를 시작하더라고요. 하와이에서 열리는 세계철인3종경기대회 공식 출전권을 따낼 정도로 수준급의 선수였어요. 그런데 철인3종경기를 하다보니 전에는 거들떠보지도 않던 자전거에 관심을 갖게 된 거지요. 철인3종경기가 수영, 사이클, 마라톤으로 하는 거잖아요."

마침내 그레그는 자전거를 비롯한 인간동력 교통수단들이 운동부족으로 온갖 질병에 시달리고 있는 캐나다인들을 구원할 유일한 방법이라고 생각하게 되었다. 그는 인간동력을 사용하자는 자신의 메시지를 전달할 방법이 필요했다. 그래서 그가 생각해낸 것이 기네스 기록에 도전하는 것이었다. 기록을 깨고 스스로 유명인사가 되면 자신의 메시지를 전달할 기회도 많아질 뿐 아니라 사람들이 자신의 말을 귀담아듣게 될 것이라는 계산이었다. 그가 처음 도전한 기록은 '자전거로 24시간 동안 가장 먼 거리 달리기'였다.

그는 2006년 여름 캘리포니아의 한 자동차시험장 트랙에서 이 기록에 도전했다. 이 도전을 위해 그는 '입는다'고 표현해도 좋을 만큼 자신의 몸에 꼭 맞는 자전거덮개를 만들었다. 그 덮개를 설치하면 목을 옆으로 돌리는 것조차 힘들 정도였다. 트랙을 달리는 동안에는 유동식을 고무호스로 빨아먹었고, 소변은 생식기 끝에 파이프를 달아 자전거 뒤쪽으로 방출되도록 했다. 양쪽 어깨가 덮개에 닿아 핸들을 조작할 때마다 거친 덮개의 안쪽면과 마찰이 생긴 탓에 20시간 정도가 지나면서부터는 어깨의 피부가 벗겨져 피가 흘렀다. 마지막 10분을 남겨두고 그는 기네스 기록을 경신했다는 참관자들의 목소리를 들을 수 있었다. 24시간 동안 1,000km 돌파였다.

바다 위를 질주하는 자전거

우리가 탄 모터보트의 선장이 그레그의 보트를 파도가 치는 곳으로 인도했다. 파도가 치는 곳에서도 속도를 유지하는 훈련을 위해서였다. 그레그가 파도를 향해 힘차게 페달을 밟았다. 보트는 가볍게 파도를 타고 넘었다. 파도를 넘는 동안 속도가 주는 것 같지는 않았다. 그레그가 무전으로 알려왔다.

"보트의 성능이 꽤 만족스럽군요!"

선장이 안내선을 옆쪽으로 빼자 그레그가 속도를 더 내기 시작했다. 언뜻 보기에도 페달동력만으로 움직이는 보트라고는 믿어지지 않는 속도였다. 그레그의 빨간 보트는 바다 위에서 최고시속 12km까지 속도를 낼 수 있었다. 하루 종일 계속해도 지치지 않을 정도의 여유로운 페달링으로는 시속 7km의 속도를 냈다. 첫 시험항해에서 그레그의 보트는 합격점을 받은 듯했다.

그런데 쾌속으로 항해하던 그레그가 갑자기 페달링을 멈추었다. 무전기를 통해 그레그의 상기된 목소리가 들려왔다.

"배 안이 너무 덥다. 완전 사우나다. 앞유리에 김이 서려 밖이 잘 보이지 않는다."

안내선이 그레그의 보트에 접근하는 동안 그레그는 해치를 열고

'수십 년 전의 미래'를 향한 고독한 항해.

얼굴을 밖으로 내밀어 땀을 식혔다. 밀폐형 구조로 만든 페달보트는 그레그의 몸에서 나오는 열을 밖으로 잘 배출하지 못했다. 그의 체온으로 내부온도가 오르기 시작하면서 배 안은 사우나가 되었고, 안팎의 온도차로 앞유리에 김이 서린 것이다.

"환기구가 있긴 한데 바람이 거의 들어오지 않더군요. 배를 좀 더 크게 만드는 것 말고도 환기 문제를 다시 고민해봐야겠어요."

다음날에도 그레그의 훈련은 계속 되었다. 그레그는 앞이 잘 보이지 않는 상황에서도 GPS와 전방관측용 카메라를 이용해 바다 적응 훈련을 계속했다. 그레그는 보조선박 없이 40일 이내에 대서양을 횡단하는 것보다는 보조선박의 도움을 받되 대신 항해속도를 최대한으로 끌어올리는 방법을 새로운 대안으로 고민중이었다. 보조선박이 있으면 그레그는 매일 두 시간씩 걸리는 바닷물 담수화작업을 안 해도 되고, 신선한 음식을 공급받으며 한결 편안하게 휴식을 취할 수도 있을 것이다. 그 대신 그는 하루 12시간 이상을 최대속도로 항해하게 된다. 그레그가 내심 욕심을 내고 있는 기록은 12일, 요트가 세운 것이었다. 아닌 게 아니라 인간동력이 요트보다 빨랐다는 기사가 나가면 사람들의 관심을 더 많이 끌 수 있을 것이다. 그린피스가 우라늄을 운반하는 선박을 작은 고무보트 하나로 저지하며 목숨을 건 아슬아슬한 곡예를 벌이는 것처럼, 그레그는 인간동력의 우수성을 시위하려는 것이다.

그레그는 인간동력만으로 움직이는 세상을 꿈꾸는 낭만적 몽상가는 아니다. 그도 자동차와 비행기와 모터보트의 필요성을 인정한다.

"저는 단지 수십 년 전으로 돌아가자고 하는 겁니다."

30년 전만 하더라도 대다수의 성인들은 하루에 수km를 걸었다. 자동연필깎기도 없었고 식기세척기도 없었다. 거품 내는 자동블렌더가 나오기 전이어서 가족들이 돌아가며 계란을 휘젓고, 팔이 빠질 것처럼 아프기도 했지만 곧 먹게 될 케이크에 대한 기대감으로 행복했다. 하지만 전기와 모터가 흔해지면서 우리는 일상생활에서 체외에너지를 점점 더 많이 사용하기 시작했다. 우리 아이들은 칼로 연필 깎는 방법조차 모르며 자란다.

24시간 자전거 기록경신에 성공한 이후 그레그는 바라던 대로 초등학교 아이들을 위한 강연에 여러 차례 초빙되었다. 아이들은 유선형 차체에 누워 타도록 설계된 그레그의 자전거에 대단한 관심을 보였다. 그레그는 아이들에게 오직 자신의 두 다리로 시속 60km의 속도로 달리는 느낌이 어떤 것인지에 대해 힘주어 설명했다.

아이들은 활동적이다. 특히 아이들의 두뇌는 신체활동을 통해 성장한다. 쉬는 시간에 놀다가 다친 아이들의 부모가 학교 측을 고소한 사건이 몇 번 발생한 이후로 미국과 캐나다의 많은 초등학교에서는 쉬는 시간에 교실 밖에서 뛰노는 것을 금지하거나 쉬는 시간 자체를 아예 없애버렸다. 그런데 그런 학교에서는 특히 남학생들의 성적이 현저히 떨어졌다. 반면에 중고등학교 여학생들에게도 남학생들과 동일한 스포츠활동을 보장할 것을 명문화한 곳에서는 여학생들의 성적이 이전보다 좋아졌다.

아이들뿐 아니다. 신체활동이 많은 노인의 두뇌는 잘 늙지 않는다. 운동이 뇌세포를 건강하게 만들기 때문이다. 그레그는, 사람이란 자신의 신체를 완벽하게 연마하고 사용할 때 비로소 완성된다는 생각을 가지고 있었다. '건강한 신체에 건강한 정신이 깃든다'는 말은 이제 올림픽 표어보다는 체외에너지를 과용하는 우리 세대를 위한 경구로 더 적합할 것 같다.

뱃살을 가장 아름답게 빼는 방법

프랑스의   인류학자 클로테르 라파이유Clotaire Rapaille
는 그의 베스트셀러『컬쳐코드』에서 미국인의 건강에 관
한 코드는 '활동'이라고 지적한 바 있다. 취재기간 중에 만난 인간동
력의 주창자들은 하나같이 가느다란 팔다리에 배만 불룩 나온 남자
들을 혐오했다. 인간동력 4륜자동차를 개발한 찰스 그린우드Charles
Greenwood는 이렇게 말했다.

"남자라면 최소한 해부학 도감에 나오는 팔다리근육 정도는 가지
고 있어야 하지 않을까요? 육체적 나태함은 습관이 되고, 결국 정신
마저 게으르게 합니다"

그의 이러한 생각은 육체의 부지런함과 정신의 부지런함은 다르
지 않다는 미국적 가치관에서 나온 것이다. 그는 미국인들의 심각한
비만 문제가 정신적 나태함으로 귀결되어 결국 세계에서 가장 멍청
한 국민이 되지 않을까 우려했다. 주지하다시피 미국은 세계 최고의
비만국가다.

찰스 그린우드의 이러한 우려에는 근거가 있다. 2006년 프랑스의
임상역학 전문가 막심 쿠르노Maxime Cournot 박사는 비만이 지능을 떨
어뜨린다는 내용의 논문을 발표했다. 2,200명의 성인을 5년간 추적

조사한 실험을 통해 그는 비만이 인지능력을 감소시킨다는 결론에 도달했다. 쿠르노 박사팀은 비만도가 아주 높은 사람들과 보통의 몸매를 가진 사람들을 각각 1,000명씩 모집했다. 그리고 이들에게 네 가지 종류의 지능테스트를 실시하고, 5년 후 동일한 테스트를 다시 실시했다. 첫번째 테스트에서 BMI비만도가 20 이하인 사람들은 100점 만점에 56점을 받았고, BMI비만도가 30 이상인 사람들은 44점을 받았다. 'BMI 30'은 의학적으로 비만판정을 받는 기준점이다. 그리고 5년 후 이들에게 동일한 테스트를 다시 실시한 결과 BMI가 20 이하인 정상인들은 5년전 점수를 거의 그대로 유지했지만, 비만한 사람들은 5년 전보다 평균 7점 떨어진 37점을 받았다. 뚱뚱해지면 머리도 나빠진다는 이 연구결과는 이후 많은 논란을 불러일으켰다.

쿠르노 박사는 비만이 인지능력을 감소시킨 원인에 대해 지방에서 분비되는 호르몬이 대뇌에 악영향을 끼쳤을 가능성을 제시했다. 우리 몸 깊숙한 곳에서 주요한 내장기관들을 둘러싸고 있는 복부지방은 사실상 하나의 독립한 내장기관처럼 호르몬을 생성하거나 호르

BMI지수 사람의 비만도와 수척도를 측정하는 데 사용하는 기준 지수로 '체질량지수(Body Mass Index)'라고도 하고 '카우프지수' 라고도 한다. 체중(kg)을 신장의 제곱(m)²으로 나누어 값을 구하는데, 예컨대 신장이 160cm이고 체중이 55kg인 사람이라면 '55÷(1.6)²'으로 계산하여 체질량지수는 21.5가 된다. 대한비만학회는 30 이상을 '고도비만', 25~29.9를 '비만', 23~24.9를 '과체중', 18.6~22.9를 '정상', 18.5 이하를 '저체중'으로 판정하고 있다.

몬 생성을 방해한다. 복부지방이 가져오는 건강상의 문제들이 분명해지자 의학계에서는 '체중을 줄이라(Weight Loss)'라는 말보다는 '허리둘레를 줄이라(Inch Loss)'라는 말이 더 적확한 건강표어라는 주장이 힘을 얻고 있다. 몸 전체에 쌓인 지방의 양보다 내장에 쌓인 지방의 양이 특히 더 문제라는 것이다. 실제로 허리둘레가 BMI지수보다 심장마비의 위험도를 예측하는 데에는 더 유용한 데이터라는 것이 밝혀졌고, 허리둘레는 대사증후군과도 밀접한 관계가 있다는 역학조사 결과도 있다.

사람의 몸에 쌓인 지방은 단순한 기름덩어리들이 아니라 호르몬을 만드는 공장이기도 하다. 과거에는 지방세포가 작은 기름방울이 들어 있는 일종의 저장고라고 여겨졌다. 지방을 보관하는 이 저장고는 주인님이 많이 드시면 팽창하고 굶으면 수축할 뿐 그 외의 다른 역할은 수행하지 않는다고 생각되었다. 그런데 1994년 지방세포에서 렙틴leptin이라는 호르몬이 분비된다는 것이 밝혀지면서 과학자들은 복부지방이 간이나 신장처럼 일종의 내장기관의 역할을 하는 것이 아닐까 생각하기 시작했다.

렙틴은 포만감을 주는 호르몬인데, 복부지방이 과도하게 많아지면 렙틴의 분비가 오히려 줄어들어 점점 더 많은 음식을 섭취하게 되고 결과적으로 더 많은 복부지방이 쌓이게 만든다. 지방세포들이 만드는 호르몬 중엔 아디포넥틴adiponectin이란 것도 있다. 아디포넥틴은 인슐린을 도와서 포도당이 세포 속으로 들어가 에너지원이 되도록 한다. 그런데 복부지방이 많아지면 에디포넥틴이 감소한다. 결과적으로 세포들이 인슐린에 잘 반응하지 못하게 되어 당뇨로 발전하게 된다. 과도한 복부지방은 비만과 당뇨의 출발점이다.

복부지방은 우리의 몸에 낮은 수준의 만성염증 반응을 일으키기 도 한다. 지방세포가 분비하는 'interleukin-6'과 'tumor necrosis factor-alpha'라는 두 가지 물질은 몸 전체에 염증 상태를 유발한다. 이러한 염증유발물질이 두뇌에 들어가면 신경세포를 파괴하고 결과 적으로 인지능력을 떨어뜨리게 된다.

밥을 굶더라도 내장비만은 쉽게 해소되지 않는다. 다행히 전문가 들은 내장비만을 제거하는 방법을 알아냈다. 답은 '지속적인 운동' 이었다. 필요한 운동의 강도는 별로 높지 않다. 그저 적당한 선에서 지속적인 운동을 하라는 것이다. 이러한 운동이 체중 자체를 크게 줄 여주지는 못하더라도 내장 깊숙한 곳에 쌓인 지방은 상당량 태워줄 수 있다.

오늘날 우리가 먹는 음식이 대부분 석유에서 나왔다는 점을 상기 해보면 어째서 비만이 건강문제를 야기하는지 이해하기 쉽다. 우리 몸에 쌓인 지방은 쓰이지 못한 잔여에너지다. 이제 이 잔여에너지를 써야 할 때가 왔다. 러닝머신 위에서 또다른 에너지를 과소비하며 억 지로 잔여지방을 태우기보다는 훨씬 더 생산적인 방식으로, 보다 환 경친화적인 방식으로, 보다 인간적인 방식으로 쓸 수 있는 길이 있 다. 인간동력이다.

2

인간동력의
추억

인간동력은 산업의 논리에 따라 무가치한 것이 되고 말았다. 한때 훌륭한 운송수단이었던 베트남의 시클로는 이제 박제된 관광상품에 지나지 않는다.

HUMAN POWER

유쾌한 노익장

영국의 인간동력 연구가인 크리스 로퍼Chris Roper 에게 인간동력을 연구하는 이유를 묻자 그는 이렇게 말문을 열었다.

"우리는 언제부턴가 모터와 엔진을 사용하는 기구가 그렇지 않은 기구보다 좋은 것으로, 건전지를 사용하는 장난감이 그렇지 않은 것보다 고급인 것으로, 소음이 많고 배기량이 많을수록 비싼 것이라고 여기게 되었습니다. 왜 그래야 하죠?"

영국 포츠머스에는 수륙양용 공기부양선을 한데 모아 둔 장소가 있다. 그곳에는 얼마전까지만 해도 도버 해협을 오가던 여객용 대형 호버크래프트들과, 군사용으로 요긴하게 쓰이던 호버크래프트들이 먼지를 뒤집어쓴 채 을씨년스럽게 누워 있다. 예전에는 호버크래프트들을 보관하고 수리하던 대형 격납고들이 지금은 호버크래프트의 무덤으로 변해 있다. 이처럼 호버크래프트가 퇴물이 된 것은 기름값 때문이다. 호버크래프트는 공기를 아래로 밀어내어 물과의 마찰을 최대한 줄여 속도를 얻게 되는데, 공기부양을 하려면 당연히 강력한 엔진이 필요하다. 그리고 강력한 엔진은 대량의 연료를 의미한다. 석유가격이 지속적으로 오름에 따라 공기부양선은 어느 시점부터 수지

두 다리의 힘만으로 가볍게 떠오르는 호버크래프트, 입산수도가 필요없는 공중부양이다.

타산이 맞지 않게 되었다. 그래서 퇴역한 호크래프트들이 포츠머스의 항구 한쪽에 잔뜩 모이게 된 것이다.

그런데 이곳의 한 격납고에는 다른 호버크래프트들과 확연히 다른 호버크래프트가 한 대 보관되어 있다. 이놈은 이곳에서 유일하게 '현역'이다. 게다가 아직도 끊임없이 업그레이드되고 있는 중이다. 생김새부터 다르다. 탄소섬유 골조에 스티로폼으로 만든 리프트팬, 애드벌룬용 천을 대서 만든 바디… 개발자들이 동체의 무게를 줄이려고 얼마나 고심했는지 여실히 보여주는 모습이다. 전체적인 크기도 여느 호버크래프트보다 작은 편이다.

크리스 로퍼와 사이먼 워드 Simon Ward는 이 호버크래프트의 무덤에서 인간동력 호버크래프트를 조립했다. 크리스는 이놈을 설계하고 제작한 엔지니어, 사이먼은 이놈을 조종하는 테스트 파일럿이다. 사소한 부주의에도 중상을 입을 수 있다는 이유로 크리스는 취재팀에게 1m 이상 접근하지 말아줄 것을 당부했다. 카메라맨이 리프트 팬을 자세히 찍으려고 모서리에 발을 올려놓자 크리스는 기겁을 했다. 이 호버크래프트에는 사람이 안심하고 발을 올려 놓을 수 있는 부분이 단 두 군데뿐이라고 했다.

파일럿인 사이먼이 '두 군데'를 조심스럽게 밟고 올라가 좌석에 자리를 잡았다. 그가 천천히 페달을 돌리자 플라스틱 체인과 리프트 팬이 돌아가는 소리가 경쾌하게 들린다 싶더니 이내 호버크래프트가 공중으로 쑥 떠올랐다. 나는 그렇게 쉽게 공기부양이 되리라고는 생각지도 못했다. 젖먹던 힘까지 다해 내리 페달을 밟아야 겨우 떠주지 않을까 생각하고 있었던 것이다. 그런데 이처럼 사뿐히 공기부양이 되다니 그저 놀랄 수밖에.

카메라는 호버크래프트의 아래쪽, 즉 지면과 동체가 닿는 부분을 클로즈업했다. 분명히 공중에 떠 있었다. 공기부양 장면의 촬영이 어느 정도 마무리되기를 기다렸다가 나는 세계최초의 인간동력 공기부양선에 한국인 최초로 탑승하는 영광을 누릴 수 있게 되었다. 사이먼은 카메라를 의식해 일부러 천천히 공기부양을 시켰던 게 틀림없었다. 내가 페달을 돌리자마자 바로 공중에 붕 떠오르는 게 느껴졌다. 분명히 내가 탄 배는 땅 위를 이리저리 호버링하고 있었다. 이건 쉬

위도 너무 쉬웠다.

'스팀보트 윌리Steamboat Willy'라고 명명된 이 인간동력 호버크래프트는 공학도였던 크리스 로퍼가 은퇴한 이후 혼자 시작한 프로젝트였다.

"비행기, 배, 자전거, 자동차… 웬만한 탈것들은 다 인간동력 버전이 있는데 호버크래프트만 없잖아요? 그런데 제가 뭘 알아야죠. 그래서 이곳 포츠머스의 기술자들에게 호버크래프트의 원리를 기초부터 차근차근 배워가면서 작업했지요. 주변에서 쉽게 구할 수 있는 재료들만 가지고 전부 손으로 만들다시피 했기 때문에 아마도 제작비보다는 작업하는 동안 마신 홍차값이 더 들었을 걸요?"

1999년에 시작해서 호버링(공기부양)에 성공하기까지 2년 정도 걸렸고, 전후진은 물론 방향전환까지 가능하도록 발전된 것이 바로 작년의 일이다. 아직도 개발단계라는 크리스의 호버크래프트는 일견 어설퍼 보이기도 하지만, 구석구석 자세히 뜯어보면 전문적인 엔지니어링의 흔적도 적잖이 찾아볼 수 있다. 아직은 몇 가지 문제를 안고 있긴 하지만 동체의 후미에 장착한 가변피치프로펠러는 안정적인 호버링과 속도조절, 방향제어의 열쇠다. 실제로 수면 위에서 테스트해본 결과 크리스의 호버크래프트는 1인승 카약을 가볍게 따돌릴 수 있을 정도로 빨랐다.

"당연히 일반인들이 쉽게 즐길 수 있는 인간동력 호버크래프트를 만들어내는 게 제 목표입니다."

크리스는 페달보트의 개발자 그레그 콜로지에직과 마찬가지로 인간동력으로 못할 게 없다는 것을 직접 증명해 보이고 싶어 하는 사람이었다. 그는 아이 한 명을 무릎에 태우고도 얼마든지 페달 호버링이 가능하다는 것을 취재팀에게 직접 보여주었다.

"보세요. 제 나이가 70인데도 이렇게 승객을 태우고 간단히 공기 부양을 하잖아요? 사실 저도 탈 때마다 신기해요."

마침내 실현된 다 빈치의 꿈

 크리스 로퍼는 평생 인간동력을 연구하며 살아왔다. 그는 인간동력을 연구하는 사람들 사이에서도 꽤 유명한 사람이다. 최초의 인간동력 비행기를 설계하고 만든 사람도 바로 그였다. 1972년 영국 벤슨 공군기지에서 그가 만든 인간동력 비행기 '주피터 Jupiter'는 순수한 파일럿의 근육만으로 이륙에 성공하여 1km를 비행하는 데 성공했다. 물론 비행에 성공한 인간동력 비행기는 이전에도 있었지만, 이륙은 자동차가 끌어준다거나 높은 곳에서 뛰어내리는 식이었다. 크리스 이전까지는 그 어떤 비행기도 순수하게 인간동력만으로 이륙에 성공한 사례는 없었다. 즉, 주피터는 100% 인간의 힘으로 하늘을 날았던 최초의 인간동력 비행기였다.

포츠머스에서 호버크래프트를 촬영한 다음날 우리는 런던 시내 코벤트가든에 있는 그의 작은 아파트에서 주피터 관련 사진과 신문기사들을 보고 있었다. 그는 비교적 최근에 발행된 한 잡지기사를 자랑스럽게 보여주었다. 거기에는 주피터와 콩코드의 사진이 나란히 실려 있었고 '영국이 개발한 가장 중요한 두 종류의 비행기'라고 적혀 있었다. 과연 인간동력 비행기가 초음속여객기와 같은 급의 의미를 가질 수 있을까? 인간동력 취재를 시작한 지 얼마 되지 않은 당시

인간동력만으로 이륙에 성공한 주피터, 1972년. 주피터 옆에서 달리고 있는 인물이 젊은 시절의 크리스 로퍼다.

만 해도 나는 그 기사가 다소 과장된 허풍이라 생각하고 웃어넘겼다. 하지만 오래지 않아 나는 그 기사가 단순한 과장이 아닐 수도 있겠다는 생각을 하게 되었다.

그날 오후에 예정되었던 촬영일정이 취소되어 다소 시간여유가 생긴 덕분에 나는 그날 크리스의 작업실과 집을 오가며 오랜 시간 그와 이런저런 이야기를 나눌 수 있었다. 그와 헤어지면서 나는 크리스 같은 사람의 노력으로 인류의 중요한 발견과 발명이 이루어져왔다는 사실을 새삼 깨달았다. 한창 연구에 몰두하고 있는 증기기관의 스티븐슨이나 전화기의 벨, 무선전신의 마르코니를 만난다면 꼭 크리스 로퍼가 풍기던 것와 같은 분위기를 갖고 있을 것만 같았다.

크리스가 처음 인간동력 비행기를 만들어보겠다는 결심을 하게

된 것은 매우 단순한 동기에서 비롯되었다. 그는 그저 최초로 인간동력 비행기를 만든 사람이 되고 싶었던 것이다. 1970년대 초 영국, 석유는 무한정 나올 것 같았고 지구온난화란 말은 아직 생겨나지도 않았다. 최초의 에베레스트 등정, 최초의 도버 해협 수영횡단 등 당시의 매스컴들은 '세계최초'의 도전과 기록경신에 열을 올리고 있었다. 당연히 인간동력 비행도 대중의 관심을 받는 기록도전의 한 분야였다. 인간동력으로 이륙하여 1km 이상을 나는 비행기에는 거액의 상금도 걸려 있었다. 훗날 이 상금은 그가 뛰어난 사이클 선수를 파일럿으로 영입하는 데 많은 도움이 되었다.

크리스가 인간동력 비행기를 만들어 성공적인 시험비행을 하기 직전까지 대다수 비행전문가들은 "인력 비행은 원천적으로 불가능하다"고 공공연히 주장해왔다.

"내가 주피터를 만들기 전에는 파일럿의 힘만으로 하늘을 난 비행기는 없었습니다. 대부분의 사람들이 할 수 없을 것이라고 했습니다. 하지만 저는 확신이 있었습니다. 주피터는 멋지게 이륙해서 1km를 날았습니다. 대부분의 사람들이 틀렸다는 것을 증명한 셈이죠."

그로부터 30년 후 그는 "인력 호버링은 불가능할 것"이라는 대다수 사람들의 예상이 틀렸음을 다시 한 번 입증했다. 하지만 여전히 인간동력의 효율성은 일반인들의 가슴속까지 파고들지는 못하고 있는 듯했다.

"제가 이미 1972년에 순수 인력만으로 비행체의 이륙이 가능하다는 것을 보여주었는데도 여전히 인력 비행은 불가능하다는 고정관념을 버리지 못하는 사람들이 많아요. 참 희한하지요?"

크리스는 인간동력도 경제적으로 사용하기만 한다면 어떤 일이든 장시간 할 수 있다고 믿는다. '경제적으로 사용'한다는 것은 사람이 감당할 수 없을 만큼의 큰 힘은 요구하지 않는다는 뜻이다. 그의 호버크래프트는 일반인들을 대상으로 시승실험을 반복해왔고, 일반인들도 30분 이상 호버링을 계속할 수 있었다. 인력 호버크래프트가 최소한 레크리에이션용으로 상용화될 수 있음을 입증한 것이다.

"진공청소기도 인간동력으로 작동시키는 것이 가능할 거예요. 물론 만들어보기 전에는 어떤 형태가 될지 예상하기 힘들지만, 일단 제작에 착수하면 어떻게든 답이 나오지 않겠어요?"

지금 당장 대형마트에 가더라도 우리는 인간동력 진공청소기를 살 수 없다. 페달동력 세탁기와 전기모터 세탁기 중에서 어느 것을 고를까 망설이는 신혼부부를 찾아볼 수도 없다. 크리스 로퍼 같은 사람들의 노력에도 불구하고 인간동력의 가능성은 잊혀졌다. 그 이유가 무엇일까? 가장 흔하게 들을 수 있는 대답은 바로 "인간이 낼 수 있는 힘에는 한계가 있기 때문"이라는 것이다. 과연 그 때문일까? 정말로 인간이 낼 수 있는 힘이 보잘것없기 때문에 인간동력이 잊혀진 것일까?

시클로가 사라진 이유

경 인 철 도 가 개통되기 4개월 전인 1899년 5월 4일, 서울에 처음으로 전차가 등장했고. 보름간의 시험운행을 거쳐 일반시민들의 이용이 시작되었다. 차비는 엽전 5전, 일정한 정거장 없이 시민들은 아무데서나 손을 들어 전차를 세울 수 있었다. 당시의 전차는 사람이 걷는 속도 정도밖에 안 되었지만 탈것이라곤 마차와 인력거 밖에 보지 못했던 서울시민들 사이에서 커다란 센세이션을 일으켰다. 동대문에서 홍화문까지의 구간을 온종일 되풀이해서 타보는 사람들이 있을 정도였다. 그런데 운행시작 6일 만에 파고다공원 앞에서 한 어린이가 전차에 치이고 말았다. 처음에는 마냥 신기해 하던 사람들도 전차를 싸늘한 시선으로 바라보기 시작했고, 급기야 성난 군중이 전차를 불태워버리는 사건이 벌어진다. 그 후 석 달간 전차의 운행은 전면중지된다.

전차를 불태워 없앤 사건은 미국에서도 있었다. 하지만 그 맥락은 앞의 사례와 전혀 다르다. 미국의 자동차회사들은 미국 내 도심에서 운행중인 전차를 경쟁상대로 보았다. 이에 정유회사와 자동차회사들은 연합전선을 형성하여 전차회사들을 높은 값을 주고 사들인 후 전차를 불태워 없애고 운행을 중지시켜버렸다. 대중교통수단이 사

오늘날의 베트남에서 씨클로는 교통수단이라기보다는 박제된 관광 상품에 불과하다.

라지자 미국인들은 자동차를 살 수 밖에 없었다. 자가용에 전적으로 의존하게 된 교통시스템은 미국경제에 큰 부담으로 작용했지만, 대중교통 인프라를 구축하는 데 드는 천문학적 비용 때문에 다른 대안을 마련하지는 못했다. 이후로 미국은 휘발유 가격을 적정선으로 유지하는 데 온갖 정치적 노력을 기울이지 않으면 안 되는 나라가 되었고, 이를 위해 전쟁도 불사하는 기름중독국가가 되었다.

산업혁명 이전에는 인류가 사용하던 에너지의 거의 100%가 체내에너지였다. 모든 노동에는 사람의 힘이 주축이었고, 소나 말 같은 가축의 힘이 보완하는 정도였다. 풍차나 물레방아 같은 동력장치들이 예외에 해당되지만, 이러한 체외에너지 사용은 무시해도 좋을 정도로 미미했다. 그러나 산업혁명은 인류의 에너지 사용패턴에 획기적인 변화를 몰고왔다. 화석연료인 석탄을 사용하는 증기기관은 체내에너지에 비해 엄청난 힘을 낼 수 있었기 때문이다. 내연기관의 출현과 자동차의 탄생은 체외에너지의 사용량을 눈부신 속도로 증가시켰다. 하루가 다르게 더 크고 더 효율적인 엔진과 모터가 개발되었고, 언제부턴가 사람들은 인간동력을 잊기 시작했다.

　1991년 한국과 베트남이 수교하기 직전에 나는 한 달 동안 베트남 전역을 취재했다. 당시 베트남에서는 모터사이클이 빠르게 자전거를 대체하고 있었다. 모터사이클의 열기는 말그대로 '광풍'이라고 해야 할 정도였다. 자전거와 시클로가 가득 메우던 베트남 도심은 오토바이 소음으로 시끄러워졌고, 폭이 좁은 도심의 거리는 80cc급 오토바이들이 내뿜는 배기가스로 자욱해서 도로변에 면한 사무실에서는 절로 기침이 나올 정도였다. 전후의 베트남은 호치민과 하노이를 남북으로 잇는 '1번 도로'가 거의 유일한 자동차도로였을 만큼 자동차교통이 전무한 나라였다. 일반인들이 호치민에서 하노이를 가려면 3박4일을 꼬박 달리는 종단열차를 타거나 항공편을 이용해야 했다. 자전거는 국민들의 발이었고, 시클로는 가장 효과적인 화물운송 수단이었다. 그랬던 베트남인들이 어느날 갑자기 오토바이와 사랑에 빠진 것이다. 여행자인 나는 자전거와 시클로가 좀 더 오랫동안 베트남의 주된 교통수단으로 남아주었으면 하고 바랐지만 대세는 이미 정해져 있었다. 이러한 상황은 오늘날 인구 8억의 중국에서 고스란히 재연되고 있다. 한때 베이징 거리를 가득 메우던 자전거의 행렬은 자동차의 물결도 바뀐 지 이미 오래다.

로마의 소방차 vs. 디젤 소방차

서 기 6 년 로 마 는 여러 차례의 대형화재로 큰 피해를 입었다. 불에 타버린 면적이 도시 전체의 30%나 될 정도였다. 아우구스투스 황제는 화재로 인한 피해가 너무 크다고 판단하여 비길레스^{vigiles}라고 불리는 치안대 겸 소방대를 조직했다. 비길레스는 7,000명의 해방노예들로 구성되었는데, 대원들에게는 6년간의 복무기간 후에 로마의 시민권이 약속되었다. 새로 조직된 로마의 소방대는 화재진압에 뛰어난 능력을 보였다. 비길레스가 조직된 이후 약 400년간 로마에서는 서기 6년의 화재 같은 대형참화는 두 번 다시 일어나지 않았다. 단 한 차례의 예외는 네로 황제 치하에서 있었던 서기 64년의 대형화재뿐이다(당시 네로 황제가 소방대의 투입을 막았다는 설도 있다). 훗날 비길레스는 엘리트조직으로 변모했고, 나중에는 자유민들도 단지 '비길레스 출신'이라는 영예를 얻기 위해 소방대에 자원하는 일이 속출했다.

비길레스가 이처럼 뛰어난 소방대가 될 수 있었던 데에는 화재가 의심되는 경우 그 어느 곳이라도 문을 부수고 들어가 조사할 수 있을 정도로 강력한 권위를 위임받았기 때문이기도 하지만, 무엇보다 그들에게는 불과 싸우는 비밀병기가 있었기 때문이었다. 그것은 물펌프를 장착한 마차, 즉 소방차였다. 비길레스의 소방차는 두 사람이 지렛대를 양방향으로 움직여 작동시키는 물펌프를 커다란 물탱크에 장착한 것이었는데, 물줄기를 공중으로 30m나 쏘아올릴 수 있었다고 한다. 이 물펌프는 원래 고대 이집트에서 고안된 것이지만 이후 여러 차례 개량되면서 로마에 이르러 강력한 소방차로 재탄생한 것이다.

현대기술로 만든 디젤엔진 소방차들은 물론 훨씬 더 많은 용량의 물을 더 높이 쏘아올릴 수 있다. 하지만 현대의 소방차에도 한계는 있다. 14층 이상의 화재에는 디젤 소방차들도 속수무책이라는 것이다. 그렇다면 과연 고대 로마의 인간동력 소방차가 현대의 디젤엔진 소방차에 비해 진화능력이 떨어졌다고 할 수 있을까?

인간동력이 내연기관과 전기모터에 비해 보잘것없어 보이는 것은 사실이다. 하지만 인류의 역사를 돌아보면 엔진과 모터로 이룬 것들보다 훨씬 더 위대한 인간동력의 산물들이 얼마든지 있다. 예컨대 피라미드와 만리장성, 경주의 석굴암 같은 것들은 현대적인 중장비로도 건설이 불가능한 것들이다. 사실 우리가 엔진과 모터, 즉 체외에너지에 의존해온 기간은 인류의 역사 전체에서 보면 그저 눈 깜박할 새에 지나지 않는다. 우리는 엔진과 모터에 미쳐 조상들이 오랜 세월 지키고 가꾸어온 인류문화의 위대한 유산 하나를 폐기처분해버렸다. 그것은 바로 협동의 힘, 연대의 효율이다. 비길레스는 여러 사람이 힘이 합쳐 일사분란하게 움직임으로써 디젤엔진과 맞먹는 진화력을 구현할 수 있었다. 경운기가 등장하면서 농촌의 많은 일들이 간편해지긴 했지만, 세 사람이 절묘한 타이밍을 맞추어야 가능한 가래질의 신명과 효율은 우리 농촌에서 사라져버렸다.

내연기관이 만들어낸 소비주의의 신화

 1896년 미국 시카고의 우체국은 우편물 운송수단을 자전거로 교체함으로써 배달속도를 높이고 연간 5,000달러를 절약했다. 새로 도입된 자전거 앰뷸런스는 환자를 병원으로 옮기는 데 마차 앰뷸런스가 따르지 못할 속도를 냈다. 1890년대는 북미대륙에서 자전거의 인기가 하늘 높은 줄 모르고 치솟던 시기였다. 자전거의 인기가 워낙 천정부지여서 자전거산업이 다른 산업으로부터 돈을 지나치게 빼내간다는 비난을 받을 정도였다. 자전거 타기가 절정이었을 때는 미국에서만 연간 7억 개비의 담배소비가 줄었다. 여성들을 위한 정장바지가 출현한 것도 자전거 때문이었다. 자전거가 말의 수요를 감소시켰을 뿐 아니라 시가전차와 도시 간 열차까지 위협할 정도였다.

사정이 이쯤되자 자동차와 철도 진영으로부터 대대적인 반격이 시작되었다. 1898년 패서디나에서 로스엔젤리스 도심까지 9마일 거리의 자전거도로가 착공됐지만 패서디나-로스엔젤리스 간 승객을 빼앗길 것을 염려한 사우스퍼시픽 철도의 방해로 2년 만에 중단되었다. 트럭운전자와 택시기사들도 자전거와 전쟁을 벌였다. 급기야 인도와 공공장소에서 자전거의 통행이 금지되기에 이르렀다. 이런 갈

등은 자동차도로의 본격적인 출현과 함께 자전거의 영광을 한순간에 무너뜨리고 말았다.

자전거 이용자들이던 대다수 납세자들도 도로 건설을 지지하고 나서면서 북미 전역에 공공예산으로 넓은 포장도로가 건설되기 시작했다. 포장도로는 자동차를 끌어들였고, 결과적으로 자전거는 도로에서 밀려났다. 자전거 이용자들은 초창기 자전거에 대한 열정 이상으로 자동차를 반겼다. 몇몇 대형 자전거업체들은 오토바이, 자동차, 무기 제조 쪽으로 방향을 돌렸고, 자전거산업은 기술과 자본을 빼앗긴 채 고사하기 시작했다. 400여 개가 넘던 군소 자전거업체들은 시장에서 퇴출되었고, 북미지역에서 자전거는 장난감이 되었다. (자료출처: 『당신의 차와 이혼하라』)

미국정부가 막대한 예산을 들여 주간州間고속도로 등 자동차도로를 건설한 것은 자동차업계와 정유업계의 로비 때문만은 아니었다. 당시에도 자동차는 보통의 미국인들이 소유하기에는 비싼 물건이었다. 하지만 자동차업계는 대출과 광고를 통해 소비자를 끌어들였다. 오늘날에도 평균적인 미국인들은 지출의 1/4을 자동차를 위해 쓰고 있다. 미국인들은 자동차를 사기 위해 일했고, 새차로 바꾸기 위해 또 일했다. 미국인들이 가구당 평균 1대 이상의 자동차를 소유하게 된 이후에도 자동차 구매열기는 좀처럼 줄지 않고 계속되고 있다. 결과적으로 '소비가 생산을 촉진하고, 새로운 생산만큼 새로운 부가 창출된다'는 미국인들의 소비관은 자전거보다는 자동차에 더 잘 들어맞았다. 자동차는 부품의 수도 더 많고 더 많은 관련산업을 거느리며 요구되는 기술 또한 훨씬 다양하다.

자동차문화로 대표되는 미국문화가 할리우드 영화 같은 매체를 통해 세계 각지로 빠르게 퍼져나가면서 자동차는 인력을 바탕으로 한 이동체계가 공고하게 자라잡고 있던 지역에서조차 선망의 대상이 되었다. 그리고 자본과 산업은 이런 소비자들의 욕구를 발빠르게 공략했다. 천안문 광장을 가득 메웠던 자전거 행렬이 빠르게 자동차로 대체된 데에는 자동차산업이 경제성장을 선도할 것이라고 믿는 중국정부의 산업화 논리가 크게 작용했다. 1980년대를 기점으로 중국정부는 개인용 승용차에 대한 뿌리깊은 이데올로기적 혐오감을 떨쳐내고 2010년까지 연간 350만 대의 자동차를 생산하여 이중 90%를 자국 내에서 판매하겠다는 계획을 세웠다. 자동차왕국이 되려는 것이다.

연필깎이의 이상한 진화

 취재를 위해 유럽으로 출국하려는데 아내가 나에게 '모터 달린 자동 연필깎이'를 하나 사다 달라고 했다. 연필깎이라면 손으로 핸들을 돌리는 것만 있는 줄 알았는데, 요즘은 아이들 사이에서 전원을 연결하여 쓰는 자동 연필깎이가 유행이라는 것이다. 연필을 깎는 데 쓰이는 도구가 변화해온 과정을 가만히 살펴보면 우리가 왜 인간동력을 멀리한 채 복잡하고 시끄러우며 별도의 에너지원이 필요한 기구들을 점점 더 많이 사용하게 되었는지를 알 수 있다.

연필을 깎는 데 쓰이는 가장 일반적인 도구는 칼이었다. 그러다가 손재주가 없는 사람들을 위해 연필을 밀어넣고 연필 끝을 손으로 살살 돌려주면 연필심이 깎이는 나선형 칼날이 탄생했다. 뒤이어 핸들로 크랭크축을 돌려 연필을 깎는 연필깎이 기계가 등장했다. 그리고 요즘에는 아예 플러그를 꽂아서 쓰는 완전자동식 연필깎이가 아이들 사이에서 인기를 끌고 있다. 내가 초등학교를 다니던 시절에는 방과 후에 칼로 연필을 정성스럽게 깎는 과정도 교육의 일부처럼 여겨졌다. 당시만 해도 연필을 깎는 기계는 아이들의 손근육이 자연스럽게 발달할 수 있는 기회를 박탈할 수 있으므로 바람직하지 않다는 의견이 있었다. 당연히 연필을 깎는 데는 큰 힘이 들지 않는다. 따라서 손으로 연필을 뾰족하고 예쁘게 깎아보는 것은 아이들에게 꽤 유쾌한 경험이 될 수 있다.

연필깎이의 완전자동화는, 적어도 내가 보기에는 쓸데없는 짓이었다. 구멍에 연필을 넣으면 요란한 소리를 내며 우악스럽게 흔들어대는 기계를 만든 것은 소비자의 필요가 아니라 산업의 논리였다. 모터가 장착된 연필깎이는 멋져 보이며 더 높은 가격을 받을 수 있을 뿐 아니라 모터 생산업자나 전자부품 생산업자들의 판매고를 높여줄 수 있다. 복잡한 기계일수록 관련업계를 더 많이 먹여살린다. 인간동력 제품들이 제조업계의 관심을 받지 못한 것은 바로 이런 이유 때문이었다. 사실 인간동력 기구는 사람이 낼 수 있는 힘의 한계를 보완하기 위해 더욱 정밀하고 효과적으로 설계되어야 한다. 따라서 여타의 전동기구들에 비해 기술적인 도전이 결코 적다고 말할 수 없지만, 겉보기에 단순기계장치에 불과하다는 점 때문에 대부분의 엔지니어들로부터 관심을 받지 못했다.『욕망하는 식물』과 『잡식동물의 딜레마』로 주목받는 저술가 마이클 폴란Michael Pollan은 이렇게 말한다.

"산업의 톱니바퀴와 목표에 종속되지 않으면 산업의 논리에 따라 무가치한 것이 되고 만다."

칼보다는 전동 연필깎이가 자본주의의 톱니바퀴에 더 잘 들어맞는다. 인간동력은 산업의 논리에 따라 무가치한 것이 되고 말았다. 그것이 우리가 지금 당장 대형마트에 가서 수동식 세탁기를 살 수 없는 이유다.

인간동력 비행기의 개발자 크리스 로퍼는 이렇게 말한다.

"우리는 오랫동안 소음이 있으면 좋은 물건이라는 인식을 쇄뇌당했습니다. 배터리가 있는 것은 배터리가 없는 것보다 고급이라는 생각을 주입당했습니다. 플러그를 꽂아야 작동하는 것들이 무전원 기구들보다 좋다는 인식을 강요당했습니다. 사실은 그렇지 않거든요. 배터리 없이도 똑같은 일을 할 수 있는 것이 더 좋은 도구가 아닐까요? 플러그를 연결하지 않아도, 모터가 없어도 잘 작동하기만 한다면 간편하고 저렴하므로 더 좋은 제품입니다."

우리가 인간동력을 오래된 추억으로 치부하게 된 두번째 이유는 '값싼 에너지'라는 수사학이다. 거의 모든 나라에서 전기는 그 편리함에 비해 매우 낮은 가격으로 공급되어왔다. 가전제품은 이처럼 낮은 전기료를 바탕으로 지구를 정복할 수 있었다. 또한 북미와 유럽의 사람들은 자동차를 유지하는 데 기름값은 거의 걱정하지 않아도 될 정도로 낮은 유가를 향유해왔다. 석유라는 고효율 에너지원은 전기와 가스 등 다른 에너지의 공급가격을 매우 저렴하게 유지시켜온 일등공신이었다. 예를 들어 수력발전소를 지으려면 시멘트 같은 재료와 대규모의 중장비가 필요하다. 그런데 시멘트는 고온소성 제품이고 중장비는 디젤유로 움직인다. 석유가 비싸지면 댐의 건설비용이 올라가고, 그에 따라 수력발전으로 만든 전기도 비싸질 수밖에 없다. 낮은 유가는 석탄의 가격을 낮게 유지하는 데에도 결정적인 역할을 해왔다. 석탄의 채굴과 수송에는 석유가 사용되고, 우리가 쓰는 전기의 60%는 석탄에서 나온다. 그러나 불행하게도 저유가를 바탕으로 한 값싼 에너지의 시대는 끝나가고 있다. 아무데나 플러그를 꽂아대던 '에너지 파티'가 끝나가고 있는 것이다.

③

고에너지 사회의
종말

"인류가 신재생에너지를 사용하여 석유를 대체한다는 생각은 한마디로
사이비종교에 가깝다. 지금보다 태양과 풍력에너지 사용이 1,000배
많아져도 석유시대만큼 풍족한 에너지를 누리지는 못할 것이다."
_리처드 하인버그

HUMAN POWER

특명, '피크 오일'을 찾아라!

값 싸 게 살 수 있었던 석유는 우리나라를 포함하여
전 세계적으로 1인당 에너지 소비량을 경이적인 수준으
로 올려놓았다. 1900년에 지구촌에서 생산한 석유는 하루 50만 배럴
이었다. 100년이 지난 20세기 말에는 하루 6,500만 배럴을 뽑아올
렸다. 최근에는 중국과 인도를 중심으로 새로운 석유수요가 폭증하
고 있지만 미국과 유럽 등 전통적인 석유 과소비국가들에서도 석유
소비량이 줄어들 기미는 보이지 않고 있다. 오늘날 전 세계의 석유수
요량은 매년 2%라는 무서운 속도로 증가하고 있다. OPEC를 비롯한
산유국들은 과연 언제까지 이 무시무시한 수요증가에 맞추어 생산량
을 늘릴 수 있을까? 매장량에 대해서는 오랫동안 논란이 있어왔지
만, 분명한 사실은 석유도 유한자원이므로 언젠가는 반드시 고갈된
다는 점이다. 석유생산이 수요를 따라잡지 못하게 되는 시점은 과연
언제가 될 것인가? 그날이 오면 수요와 공급의 원칙에 따라 유가는
천정부지로 치솟게 될 것이다.

이론적으로 한 지역의 원유생산량은 점점 증가하다가 마침내 최
고치인 정점에 도달하면 그때부터 서서히 줄어들게 된다. 한 지역의
석유생산이 최고점에 도달하게 되는 시점을 예측하는 것은 매우 어

려운 일이지만, 일단 정점을 지나 생산량이 감소하기 시작하면 정점이 지났다는 것을 쉽게 알 수 있다. 1956년에 지질학자 킹 허버트 Marion King Hubbert 박사는 미국의 석유생산 정점이 1966년과 1972년 사이에 발생할 것이라고 예측했다. 당시 대다수의 경제학자와 석유회사들은 그의 예측을 무시했다. 그런데 1970년이 되자 실제로 미국의 석유생산이 정점에 도달했다. 오른쪽 도표에서 보듯이 1970년 이후로 미국의 석유생산량은 서서히 줄고 그 자리를 주로 중동에서 수입한 원유가 대체하고 있다.

지금껏 미국은 군사력과 정치력을 총동원해 중동산 석유를 싼 가격으로 유지해왔다. 그렇다면 '수입'이라는 수단이 존재하지 않는 지구촌 전체의 석유생산량 그래프에 정점이 온다면 과연 어떻게 될 것인가? 지구촌 전체의 석유생산량이 정점에 도달하고 나면 유가가

피크오일(Peak Oil)이론 유전이 발견되고 개발될수록, 하나의 유전에 더 많은 유정을 뚫을수록 석유의 생산량은 지속적으로 증가하게 되지만 일정 시점이 지나면 석유의 점도와 질량이 높아지고 압력과 유위(油位)는 낮아지기 때문에 점점 더 많은 비용이 들어갈 수밖에 없게 된다. 한계효용체감현상이 나타나는 것이다. 1956년 킹 허버트 박사는 석유생산량이 점차 늘어나다가 갑자기 급감하게 되는 변곡점을 '피크오일(Peak oil)'이라고 명명하면서, 미국의 피크오일은 1966년~1972년 사이에 찾아올 것이라고 예견했고 결과적으로 이는 적중했다. 그래서 허버트 박사의 연구를 계승한 학자들은 피크오일을 '허버트 피크'라고 부르기도 한다. 피크오일은 개별 유전, 개별 산유국은 물론 언젠가는 전 지구적으로 겪을 수밖에 없는 필연이라는 점에서 포스트오일 시대를 대비하려는 노력은 빠르면 빠를수록 좋다는 주장이 국제사회에서 갈수록 힘을 얻고 있다.

치솟는 것을 막을 방도가 전혀 없다. 더구나 인류가 대체에너지를 충분히 준비하지 못한 상태에서 정점을 맞게 된다면 매우 고통스런 혼란기를 겪게 될 것이다.

미국의 원유 생산과 수입

━━━ 소비
━━━ 생산

(출처: 위키디피아)

허버트는 미국의 석유 정점을 예측한 과정을 토대로 전 세계 석유 생산의 정점도 계산했다. 당시의 전 세계 총 가채매장량에 관한 수치를 토대로 그는 전 세계 석유생산의 정점이 1990년에서 2000년 사이에 도래할 것이라고 추정했다. 하지만 나중에 이것이 지나치게 비관적인 예측임이 밝혀졌다. 허버트의 사후에 그의 연구를 계승한 학자들은 전 세계 석유생산의 정점이 2010년경 도래할 것으로 예측하고 있다.

1998년 석유생산정점연구협회(ASPO)를 이끌고 있는 지질학자 콜린 캠벨Colin Campbell은 전 세계 석유생산정점을 '2010년'으로 발표하며 이렇게 말했다.

"경제적 관점에서 석유가 바닥나는 시점은 중요하지 않다. 정작 중요한 것은 석유생산이 점차 감소하는 시기다. 그 시기부터 유가가 천정부지로 솟구쳐오를 것이기 때문이다."

1956년에 발표된 허버트의 세계석유생산량 곡선

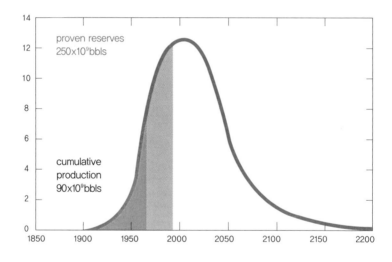

전체 매장량의 절반을 생산한 시점이 '정점'이다.

(출처: 위키디피아)

예언이 된 헛소리

세 계 도 처 에 서 개별국가의 석유생산량은 이미 정점을 지났다. 영국은 1999년 이후로 석유생산량이 해마다 감소하고 있고, 구소련연합도 1987년 최고치를 기록한 이후 완만한 하강세를 타고 있다. 중국은 아직 정점에 도달하지는 않았지만 2008년을 기점으로 감소할 것으로 추정되고 있다. 대부분의 비OPEC국가들은 이미 정점이 지난 셈이다. 그렇다면 전 세계 석유의 절반 이상이 매장되어 있는 중동의 사정은 어떨까? 석유전문가인 매튜 사이먼스Matthew Simmons는 사우디의 석유생산이 정점에 접근하거나 이미 정점에 도달했다고 주장한 바 있다. 사우디의 석유전문가들도 전 세계 석유소비량의 6~8%를 책임지고 있는 사우디 최대의 가와르 유전이 이미 매장량의 2/3를 생산했다고 인정하고 있다. 사우디가 대외적으로 공언하고 있는 여유생산능력은 거짓일 가능성이 높다. 사실상 OPEC의 여유생산능력은 갈수록 떨어지고 있다. 그나마도 부풀려진 수치라면 급등하는 국제유가를 붙잡을 방도는 거의 없는 셈이다.

허버트 이론의 추종자들이 비관론자들이라면, 물론 낙관론자들도 있다. 미국국립지질연구소의 톰 알브란트Tom Ahlbrandt는 『석유의 종말』을 쓴 저널리스트 폴 로버츠Paul Roberts와의 인터뷰에서 이렇게 말한 바 있다.

"미발견 석유의 절반 이상은 깊은 해저에 있고, 그중 절반은 북극해에 있는 것 같다. 지금까지 우리는 북극의 7개 광구만을 조사한 상태이며 아직 28개 광구를 더 조사해야 한다. 이제 시작일 뿐이다."

톰 알브란트와 같은 석유 낙관론자들은 난개발 지역에서 석유생산이 이루어지는 모습을 보며 비관론자들의 이론에 중대한 오류가 있음을 지적했다. 1970년대 이후로 석유업계의 기술이 크게 발전해온 면을 간과했다는 것이다. 실제로 허버트가 세계석유생산정점을 예측하기 위해 분투하던 시절에는 유전으로부터 전체 매장량의 50%를 추출하는 기술밖에 없었다. 유정을 뚫으면 처음에는 높은 압력으로 원유가 뿜어져 올라오지만 점차 압력이 낮아져 나중에는 기름이 있던 자리에 바닷물을 들이부어야 한다. 그렇게 해도 전체 매장량의 50% 이상을 생산한 유정은 없었다. 그러나 이제는 유전 전체 매장량의 80%를 생산할 수 있게 되었다. 만약 사우디를 비롯한 중동 국가들에서 원유를 5%만 더 뽑아낼 수 있다면 전 세계 매장량이 적어도 1천억 배럴은 증가할 것이다.

석유를 발견하고 생산하는 기술이 놀랍도록 완벽해지고 있으므로 아직은 석유정점을 걱정할 때가 아니라는 것이 낙관론자들의 주장이다. 허버트 학파가 사용한 예측기법에 대해서도 논란이 계속되고 있다. 사실 "석유정점이 몇 년 남았다"는 식의 주장은 어디까지나 가설일 뿐이다. 낙관론과 비관론 중 어느쪽을 지지할 것인가의 문제는 지

질학적 문제라기보다는 정치적 문제에 더 가까워 보인다. 다만 분명한 것은 비관론의 편에 서든 낙관론의 편에 서든 석유정점은 정점이 지난 후에야 비로소 분명해진다는 점이다. 이것이 바로 석유정점이론의 딜레마다. 허버트의 후예들이 스스로 옳았음을 입증할 수 있는 시점은 인류에게 이미 늦어버린 시점이 된다. 일단 정점이 지났다면 전 세계의 에너지 문제는 걷잡을 수 없는 파국으로 치닫고 있을 것이다. 그럼에도 불구하고 현재 세계의 어느 나라에서도 석유정점이론에 근거하여 대체에너지 개발을 서두르는 정부는 없다.

비관론과 낙관론이 팽팽한 줄다리기를 하고 있는 상황에서 여러 가지 정황들이 비관론에 힘을 실어주고 있다. 911테러와 이라크 침공 같은 국제적인 에너지갈등이 점차 심화되고 있다는 점, 합병의 물결이 석유업계를 한바탕 휩쓸고 지나갔다는 점 등이다. 엑손과 모빌이 합병해 엑손모빌이 되었고, 셰브론은 텍사코와, 코노코는 필립스와 합병했다. 토스코 발레로 같은 중소기업들도 합병의 대열에 동참했다. 이처럼 석유산업이 팽창이 아니라 다운사이징의 양상을 보이는 이유는 무엇일까? 골드만삭스는 이렇게 분석한다.

"이러한 거대한 합병의 열풍은 전 세계 석유의 90%가 이미 발견되었다는 사실을 인식하고 서서히 사멸하고 있는 산업의 규모를 축소한 것에 지나지 않는다."

골드만삭스는 2005년 3월 30일 〈석유가격 전망 보고서〉를 통해 "2007년에 유가가 배럴당 105달러에 이를 것"이라고 예측했다. 당시만 해도 사람들은 골드만삭스가 제정신이 아니라고 했다. 최근 골드만삭스는 2008년 하반기 유가를 150달러로 예측하며 몇 년 내에 200달러를 상회할 것으로 전망했다. 지금은 아무도 골드만삭스의 예측을 두고 헛소리라고 비아냥거리지 않는다.

파티는 끝났다!

석 유 정 점 이 후 초고유가 경제가 우리의 생활에 어떤 식으로 타격을 가할지, 그 충격이 어느 수준이 될지 미리 예측하기는 어렵다. 가능한 대체에너지의 생산수준과 그때까지 이룬 에너지효율의 수준 등에 따라 충격이 달라질 것이기 때문이다. 분명한 것은 연착륙은 없을 것이란 점이다. 2007년 식량가격이 30% 폭등하여 162년 만에 최대상승폭을 기록했다. 석유정점 이후에는 이런 일이 연이어 나타날 것을 예상해볼 수 있다. 지구촌은 만성적인 재화부족과 고물가가 겹치는 고난의 시대로 접어들게 될 것이다. 그 중에서도 인류가 가장 고통스럽게 느끼는 것은 사용할 에너지가 점점 줄어드는 현실일 것이다.

1993년 나는 40일간의 일정으로 쿠바를 취재한 적이 있다. 당시의 쿠바는 서방국가들의 경제봉쇄 속에서도 쿠바인들의 생활수준을 안정적으로 지켜주던 구소련의 석유원조가 갑자기 끊긴 상황에서 생활고를 이겨내기 위한 각종 자구책들이 눈물겹게 펼쳐지고 있었다. 쿠바정부는 이 시기를 '특별기간'이라고 부르고 있었지만 "한시적일 것"이라는 이 특별기간이 언제 끝날지는 누구도 알지 못했다. 전기와 가스가 제대로 공급되지 않는 대도시 아바나에 닥친 가장 큰 시련은 식량부족이었다. 농기계에 사용할 디젤유와 비료, 농약 등이 부족해지면서 식량생산량이 급감했기 때문이다. 당시 쿠바사람들은 한 달에 닷새 정도는 굶어야 하는 상황이었다. 두번째 문제는 교통란이었다. 자가용은 물론 버스조차 운행하기 힘겨운 실정이었다. 한산한 아바나의 도로를 바라보며 나는 이 도시에 자전거가 없다는 점을 의아하게 생각했었다. 그런데 쿠바사람들의 설명이 더 의외였다. 자전거가 없어서 못 타고 있다는 것이었다. 자전거를 만드는 데에도 에너지는 필요하다. 에너지가 없으면 상품도, 서비스도 없다. 만성적인 재화부족이 쿠바를 질식시키고 있었다.

우리가 아무런 준비 없이 석유정점을 맞는다면 에너지가 부족해서 자전거조차 만들 수 없었던 당시의 쿠바와 비슷한 상황이 전개될 것이다. 신재생에너지로의 전환에도 많은 에너지가 필요하다. 태양열 집열판이든 풍력 터빈이든 에너지가 있어야 만든다. 가용할 석유가 부족해지면 사회시스템을 유지하는 데 꼭 필요한 공공서비스, 농업, 생필품생산 등에 석유에너지가 우선적으로 쓰여질 것이므로 신재생에너지로의 전환에 충당할 에너지는 점점 더 부족해지게 될 것이다. 과연 석유정점이 지나고 유가가 급등하면 시장시스템에 의해 자연스럽게 신재생에너지가 개발될 것이라고 낙관해도 될까? 과연 석유가 고갈되더라도 대체에너지의 개발을 통해 인류는 에너지문명을 계속 구가할 수 있을까? 불행히도 석유를 대체할 만한 신재생에너지는 아직 없다. 따라서 석유정점 이후 우리는 가용에너지 규모가 크게 줄어든 새로운 사회에 적응해야 한다.

2002년부터 독일에서는 새로 집을 지을 때 연간 난방에너지 소비량을 기존 주택의 1/2 이하 수준으로 맞추도록 정하고 있다.

"아껴라, 아끼는 것만이 살길이다."

1970년대 두 차례의 석유파동 이후 사라졌던 목소리가 30년 만에 되돌아오고 있다. 에너지 공급에 초점을 맞추었던 나라들도 이제는 에너지 절약을 강조하는 방향으로 에너지정책의 전환을 시도하고 있다. 2001년 출범 당시 "충분한 에너지 공급이 국가안보의 핵심"이라며 이라크 전쟁까지 일으켰던 미국의 부시 행정부도 2006년에는 소비억제를 기본으로 하는 새로운 에너지정책을 발표하면서 "미국인이 석유에 중독되어 있다"고 말해 전 세계를 어리둥절하게 만들었다. 미국의 에너지정책이 공급에서 소비억제로 바뀐 것은, 미국정부조차 가까운 미래에 석유공급이 석유수요를 따라가지 못하는 시점이 도래할 것임을 잘 알고 있기 때문이다.

미국 석유이후연구소(Post-Carbon Institute)의 수석연구원 리처드 하인버그^{Richard Heinberg} 교수는 저서 『파티는 끝났다』에서 "비석유 에너지원으로는 석유시대처럼 흥청망청 파티를 계속하지 못할 것"이라고 지적했다. 그는 풍력, 원자력, 조력, 지열, 태양력, 바이오매스 등 비석유 에너지원의 기술수준과 효율을 꼼꼼히 점검한 후 이렇게 말한다.

"인류가 신재생 에너지를 사용하여 석유를 대체한다는 생각은 한 마디로 사이비종교에 가깝다. 지금보다 태양과 풍력 에너지 사용이 1,000배 많아져도 석유시대만큼 풍족한 에너지를 누리지는 못할 것이다."

　1인당 가용에너지 규모가 현재의 절반 이하로 감소하는 '저에너지 사회'가 오고 있다. 에너지 위기는 선진국과 부유층에게는 석유생산량이 절대적으로 감소하기 시작하는 50년 후부터가 될지도 모르지만, 약소국과 빈민층에게는 유가가 배럴당 200달러를 돌파하는 몇 년 후부터 당장 시작될 수도 있다.

석유고갈과 지구온난화

석유고갈이　　최소한 지구온난화 문제에는 희소식이
될까? 그렇지 않다. 석유가 부족해지면 부족해질수록 석
유를 대신해 석탄 같은 저효율 연료가 더 많이 사용될 것이다. 저효
율 화석연료는 그만큼 더 많은 탄소를 배출한다. 결과적으로 지구온
난화 문제는 더욱 심각해질 위험이 있다. 더구나 석탄(유연탄) 가격
도 2008년 상반기에만 65% 급등하면서 사상최고치를 기록했다. 이
처럼 유연탄 가격이 급등하는 것은 국제유가가 사상최고치를 연일
갈아치우면서 대체재로 부각되고 있기 때문이다. 세계적 석유회사
BP British Petroleum는 최근 발표한 에너지통계에서 "석탄은 5년 연속
세계에서 가장 빠른 소비증가율을 보이고 있는 연료로, 지난해 세계
석탄소비는 4.5% 증가해 지난 10년 평균치 3.2%를 웃돌았다"고 밝
혔다.

2007년 민간 환경데이터 조사기관인 '행동을 위한 탄소 감시
(Carbon Monitoring for Action)'의 웹사이트(www.CARMA.org)에는
세계적으로 가장 많은 오염물질과 온실기체를 배출하는 발전소의 명
단이 공개됐는데, 영광스럽게도(?) 우리나라의 보령발전소가 당당
히 2위에 랭크되었다. 세계에서 두번째로 '더러운 발전소'라는 뜻이

다. 현재 지구촌에는 5만 개가 넘는 발전소가 있고, 화석연료를 사용하는 대다수의 발전소들은 매년 이산화탄소를 100억t 가까이 배출하고 있다. 전 세계 전기의 60%가 화석연료를 연소시키는 방식으로 생산되고 있고, 온실가스 배출의 1/4이 바로 여기서 발생하고 있다. 보령발전소가 상징적으로 보여주고 있듯이 우리나라의 경우 전기생산의 화석연료 의존도는 지구촌 평균보다 높다. 우리가 별 생각 없이 쓰고 있는 전기는 이산화탄소를 다량 배출해 지구를 뜨겁게 만드는 석탄(32.7%), LNG(19.6%), 석유(6.8%) 등을 태워서 만든다. 화석연료의 비율은 우리가 쓰는 전기의 87%에 해당한다. 결국 석유가 고갈되기 시작하면 더 많은 전력수요가 발생할 것이고, 그에 따라 석탄처럼 효율이 낮은 구시대의 화석연료가 점점 더 많이 사용되면서 스모그와 온실가스 문제는 더욱 악화될 것이다.

2000년 캘리포니아에서는 심각한 전력부족 사태가 발생했다. 샌프란시스코 도심에 정전이 되는 등 문제가 심각했는데, 부동산 규제 정책으로 발전소 건설이 지연된 것이 그 이유였다. 당장 대규모 발전소 신설이 검토되었지만, 새로운 발전소 건설에는 시간이 많이 필요했다. 이에 캘리포니아 주민들은 자발적으로 절전에 들어갔다. 그리고 오래지 않아 캘리포니아에는 발전소의 증설 없이 안정적인 전기 공급이 가능해졌다.

캘리포니아 주민들이 보여준 절전 캠페인의 성공은 인상적이다. 그러나 우리가 앞으로 감당해야 할 근본적인 에너지부족 문제는 절약만으로는 감당하기 힘들 것이다. 인간동력을 당당히 '대체에너

'세상에서 가장 아름다운 삼각형'이라는 문학적 카피를 자랑하는 스트라이다. 무게가 10kg 안팎에 불과해 접으면 한 손으로 끌거나 어깨에 멜 수 있다.

지'의 반열에 올려놓아야 할 이유가 바로 여기에 있다. 그래서 '인력'이 아니라 '인간동력'인 것이다. '인간동력 자동차'와 '인력거'의 차이는, 테크놀로지의 차이라기보다는 근본적인 인식의 차이다.

유가가 배럴당 150달러에 근접하자 서울에서도 갑자기 자전거가 날개 돋친 듯 팔리기 시작했다. 요즘에는 자전거 디자인도 혁신적으로 변하고 있다. 접어서 전철이나 버스에 들고 탈 수 있는 초소형 자전거들이 대거 선을 보였다.

결국 시장은 기술적으로 아직 멀리 있는 신재생에너지보다는 좀 더 현실적으로 가까운 인간동력을 먼저 선택하게 될 것이다. 물론 인간동력이 100여 년 전처럼 주요한 에너지원의 자격을 갖기 위해서는 한 가지 선결조건이 있다. 편리함에 길들여진 사람들이 '귀차니즘'을 극복해야 한다는 점이다. 이제 인간동력을 부활시키기 위한 열쇠를 찾아 길을 떠나보자.

4

펀 에너지를
찾아서

아이들은 큰일을 해내고 있었다. 그것도 전혀 힘을 들이지 않고 말이
다. 재미있는 동력, 펀 에너지, 이것이 인간동력을 부활시킬 수 있는 열
쇠였다.

HUMAN POWER

부활의 열쇠

강력한 모터와 엔진이 등장하면서 인간은 근육을 사용할 필요가 없어졌다. 기술은 발전했고, 생활은 편리해졌다. 그런데 이 익숙한 편리함을 버리고 다시 근육을 사용한다는 것이 과연 가능한 일일까? 우리는 이미 돌이킬 수 없을 만큼 게으름과 편리함에 중독되어버린 것은 아닐까?

인간동력을 PDA나 MP3P 같은 개인용·휴대용 전자제품에 활용하는 방안을 놓고 고심중인 델프트 대학Delft University of Technology의 얀센Arjen Jansen 교수 역시 기본적으로는 나와 비슷한 고민을 하고 있었다.

"만약 제가 구멍이 나서 가라앉는 배에 타고 있다고 칩시다. 그런 상황에서 저는 손으로 펌프를 돌려 물을 퍼내는 작업을 절대 귀찮아하지는 않을 겁니다. 하지만 잠을 자려고 이미 침대에 누웠다면 다시 일어나 전등스위치를 끄는 일도 아주 귀찮아 할 겁니다. 그런 상황에서는 리모컨을 조작하기 위해 손가락을 까닥하는 정도만이 가능하겠지요."

사실 이것은 인간동력을 일상적인 동력원으로 부활시키기 위해 노력하고 있는 모든 연구자들이 맞닥뜨리고 있는 가장 고질적인 문제다. 구멍난 배 위에서 바가지로 물을 푸거나 수동펌프를 돌리는 일은 일상적으로 경험할 수 있는 상황이 아니다. 우리의 일상은 오히려 침대에 더 가깝다. 어떻게 하면 근육을 써서 동력을 얻는 일이 귀찮지 않게 느껴질 수 있을까?

나는 그 문제에 대한 한 가지 해답을 아프리카에서 찾을 수 있었다. 2008년 음력 설날 아침, 나는 남아프리카공화국에서 북쪽으로 약 400km쯤 떨어진 보츠와나 국경지대를 달리고 있었다. 바로 전날 런던에서 요하네스버그 행 비행기에 오를 때까지 계속 비를 맞으며 촬영을 강행해온 나로서는 한 달 만에 만나는 5600캘빈Kelvin의 태양광이 눈물겹도록 반가웠다. 나는 남아프리카공화국 취재에 큰 기대를 가지고 있었다.

이곳 남아프리카공화국과 보츠와나 일대에는 '플레이펌프 Playpump'라고 불리는 물펌프가 있다. 플레이펌프는 아이들이 올라타 빙빙 돌리며 노는 원형 놀이기구에 펌프를 연결한 것이다.

"플레이펌프는 이미 남아프리카 전역에 1,100개나 설치되어 있어요. 2010년까지 4,000개의 펌프를 보급한다는 계획이고, 그렇게 되면 1,000만 명에게 깨끗한 식수를 제공할 수 있게 됩니다. 우리는 분명 변화를 만들어내고 있습니다."

플레이펌프를 보급하는 NGO인 '플레이펌프 인터내셔널 PlayPumps International'의 홍보담당자인 크리스티나 구빅Kristina Gubic은 이렇게 말문을 열었다. 건장한 체격의 날카로운 눈매를 가진 30대 초반의 이 백인여성은 10년 된 도요다 지프를 네 시간 동안 시속

120km로 몰면서 모카라케Mokarake 마을의 한 초등학교를 향해 달리고 있었다. 아침에 공항에서 짐을 찾는 데 예상보다 시간이 오래 걸린데다 요하네스버그에서 자동차로 출발하는 시각이 계획보다 2시간이나 늦어진 탓에 그녀는 약속에 늦지 않으려고 과속을 하고 있었다. 그 학교에서 우리는 플레이펌프의 개발자인 트레버 필드Trevor Field를 만나기로 되어 있었다. 플레이펌프에 대한 취재와 개발자 인터뷰가 모두 한 곳에서 이루어지게 된 것은 나로서는 행운이었다.

그때까지 내가 플레이펌프에 대해 알고 있는 것은 아이들의 놀이기구에 펌프를 연결했다는 것 정도였다. 이 펌프가 얼마나 효율적인지, 아이들에게 얼마나 인기가 있는지, 과연 성공적인지는 취재를 통해 직접 알아볼 참이었다. NGO들이 아프리카에서 수동식 물펌프를 보급한 사례는 이미 많다. 하지만 유지보수가 잘 되지 않아 고철덩어리가 되어버린 곳이 대부분이다. 따라서 나는 플레이펌프에 대해서도 조심스러울 수밖에 없었다.

플레이펌프 인터내셔널은 5명의 여성들이 운영하는 작은 NGO다. 크리스티나는 너무 누추하고 좁다는 이유로 사무실 촬영을 사양했다. 대신에 그녀는 현장부터 취재할 것을 제안했고, 덕분에 우리는 도착 당일 오후에 플레이펌프가 설치된 현장에서 개발자까지 함께 만나게 된 것이다.

계속 과속을 하던 크리스티나는 결국 딱지를 끊었다. 남아프리카공화국은 도로시스템이 잘 갖추어져 있는 편이다. 오지의 작은 마을들에도 대개는 근처까지 포장도로가 닦여 있다. 대부분 백인들이 통치하던 시기에 만들어놓은 도로들이다. 이렇듯 도로사정은 좋건만 이 나라에는 대중교통수단이 거의 없다. 백인들이 미국식 교통시스템을 만들어놓은 탓이다. 자가용이 없으면 나다니지 못하는 이런 교통체계는 저소득층이 대다수인 흑인들을 통제하기에 매우 편리했다고 한다. 그나마 요즘은 소형 승합차를 노선버스처럼 운행하는 작은 운수업체들이 생겨났지만, 차비가 워낙 비싼 탓에 시외곽에서 시내로 일하러 다니는 흑인들은 한 달 소득의 절반 가량을 교통비로 쓸 정도라고 한다.

크리스티나의 자동차는 풀이 우거진 들판을 가로질러 일직선으로 달렸다. 인적조차 드문 들판에는 드문드문 옥수수밭과 해바라기밭이 있긴 했지만 대부분 관목숲으로 방치되고 있었다. 대부분 플라티늄(백금) 매장이 확인된 곳들로 오래전에 다국적 광산회사들이 수십만 에이커씩 통째로 사들여 철책을 치고 주민들을 몰아냈다고 한다. 우리의 목적지는 그런 플라티늄 매장지역의 가장자리에 위치한 모카라케라는 작은 마을이었다. 이곳은 최초의 인간화석이 발견된 지역이기도 하다. 그래서 이 지역의 행정구역상 공식명칭은 '인류의 요람Cradle of Humankind'이다.

불과 한 달 전까지만 하더라도 붉은 흙먼지만 날리는 황량한 벌판이었지만 한 달 새 비가 계속 내려 마을이 갑자기 푸른 초원지대로 변했다고 한다.

"이 지역에 이렇게 많은 풀들이 자라난 것을 저도 처음 봐요. 늘 붉은 먼지만 가득한 곳이었는데… 우기에도 비가 거의 내리지 않는데

올해는 정말 오랜만에 비가 왔어요. 당신의 다큐멘터리를 위해서는 안 된 일이지만요."

물이 귀한 환경이라야 플레이펌프의 상징성이 더욱 두드러질 수 있었을 텐데 아쉽게 되었다는 크리스티나의 말이었다.

진화하는 호모루덴스

모 카 라 케   초 등 학 교 는   슬레이트 지붕이 얹혀진 3개
의 단출한 단층건물이 디귿자 모양으로 이어진 작은 학
교였다. 주변의 넓은 벌판에 비하면 학교부지는 지나칠 정도로 좁았
다. 덕분에 플레이펌프는 금세 눈에 띄었다. 학교 뒷마당, 학교의 역
사보다 오래되었음직한 커다란 나무가 만들어내는 시원한 그늘 속에
플레이펌프가 있었다. 작은 아이들 스무 명 정도가 떼지어 올라가 까
르르대며 빠르게 돌리고 있는 '빙빙이'가 바로 플레이이펌프였다.
빙빙이 옆에는 5m 정도 높이의 철탑이 지어져 있었고, 그 철탑 위에
유리섬유로 만든 커다란 물탱크가 설치되어 있었다.

철탑에서 조금 떨어진 곳에는 물탱크에 연결된 수도꼭지가 있었
다. 마침 수돗가에서 어린 여학생들 몇 명이 콸콸 쏟아지는 지하수를
양동이에 받고 있었다. 물줄기는 굵고 힘차 보였다. 나무그늘 속에서
기다리고 있던 트레버 필드가 우리를 보고 다가와 먼저 자신을 소개
했다. 트레버는 자신이 아프리카의 식수 문제를 해결하는 데 크게 기
여할 발명품을 보급하고 있다는 사실과 이로 인해 언론의 주목을 받
게 되었다는 점에 흥분감을 감추지 않았다.

플레이펌프의 원리는 간단하다. 아이들이 돌리며 노는 빙빙이가

아이들이 놀기를 거부하지 않는 한 이곳에 물이 부족할 일은 없을 것이다.

관정 바로 위에 설치되어 관정 아래의 물펌프를 돌리도록 설계된 것이다. 어린이들이 빙빙이를 돌리면 관정으로 물이 펌핑되고, 이렇게 끌어올린 물은 필요할 때 사용할 수 있도록 5m 높이의 물탱크에 저장된다. 이 펌프는 최대 50m 깊이의 물을 퍼올릴 수 있으며, 아이들이 빙빙이를 한 바퀴 돌릴 때마다 물 1l가 퍼올려진다고 한다. 동시에 20명 정도가 함께 놀 수 있는데, 아이들은 1분에 평균 20~30 바퀴 정도를 돌린다. 물탱크의 저장용량은 2,500l, 아이들이 2시간 놀면 탱크가 가득 찬다는 계산이 나온다. 그런데도 모카라케의 아이들은 수업시간을 제외한 거의 대부분의 시간을 플레이펌프와 함께 보낸다. 방과후에도 많은 아이들이 한동안 플레이펌프를 돌리고 논다.

"우리는 물탱크의 빈 공간에 광고를 합니다. 설탕, 차, 핸드폰, 뭐든지 다 하죠. 거기서 나오는 돈은 장래에 유지보수를 위한 비용으로 적립됩니다. 완벽하게 지속가능한 시스템이죠."

트레버가 자랑스럽다는 말투로 설명했다. 펌프 하나를 설치하는 데는 10년간의 유지비용을 포함하여 1,400만 원이 든다. 크리스티나가 일하는 플레이펌프 인터내셔널의 경우 10년간의 유지비용이 확보되어야만 플레이펌프를 설치한다고 한다. 10년간의 유지비를 설치비에 포함한 이유는, 과거의 다른 NGO들을 벤치마킹하며 설치만큼이나 보수와 유지에 많은 신경을 써야 한다는 사실을 잘 알고 있기 때문이다.

크리스티나와 트레버는 아프리카의 사정을 잘 알고 있는 사람들이었다. 그래서 플레이펌프는 훔쳐가봐야 돈이 안 되는 재료들로만 만들어져 있었다. 구리나 알루미늄 같은 고급재료를 사용하면 범죄의 대상이 될 가능성이 높다. 수도꼭지의 경우에는 콘크리트 기둥으로 감싸 보호하고 있었다. 물냄새를 맡고 몰려드는 가축들이 수도를 망가뜨리는 것을 방지하기 위해서라고 한다.

트레버로부터 플레이펌프의 구조에 대한 설명을 듣기 시작했을 때는 이미 해가 저물고 있었다. 우리는 학교의 교사들로부터 다음날 다시 와도 좋다는 허락을 받았다. 나는 플레이펌프가 이 학교에서 만들어낸 변화를 자세히 취재해보고 싶었다.

플레이펌프가 설치된 이후 학교에는 실로 많은 변화가 있었다. 우선 아이들의 위생상태가 눈에 띄게 좋아졌다. 플레이펌프가 설치되기 이전에는 아이들이 각자 학교에서 마실 물을 집에서 가지고 와야 했다. 손을 씻거나 화장실 청소는 엄두도 내지 못했다. 하지만 지금은 누구나 마시고 싶을 때 언제나 마실 수 있는 시원한 물이 흘러넘치고, 화장실 물청소는 물론 점심식사 전에 손도 깨끗이 씻을 수 있다.

플레이펌프가 학교에 몰고온 가장 큰 변화는 급식이었다. 물이 없었을 때는 급식이 아예 불가능했다고 한다. 다음날 아침 일찍 우리는 학교급식을 담당하는 어머니들을 촬영했다. 어머니들은 물을 길러 가서 플레이펌프를 한바탕 돌리며 놀았다. 쌀과 야채를 씻고 물을 끓이면서도 무척 즐거워하는 모습이었다. 물이 풍족하다는 것만으로도 그녀들은 너무나 행복해 하고 있었다. 그날의 메뉴는 쌀밥과 양배추카레. 어머니들은 두 시간이 채 안 되어 600인분의 식사를 훌륭히 만들어냈다. 어머니들의 복장도, 식재료도, 식기도, 아이들의 손도 모두 깨끗했다.

물이 풍족해진 뒤로는 학교의 인기도 치솟았다. 플레이펌프가 설치되기 전에는 320명에 불과하던 학생수가 플레이펌프가 설치되고 2년이 지난 후에는 720명으로 늘어났다. 학부모들이 다른 학교보다 이 학교를 선호했기 때문이다.

점심시간이 끝나자 고학년 여학생들이 수돗가로 모여들었다. 아이들과 여선생님들은 플레이펌프에서 나오는 물을 이용해 텃밭을 가꾸고 있었다. 텃밭의 규모는 상당했다. 토마토를 비롯해 여러 가지 채소를 기르고 있었는데, 여기서 나오는 채소는 직접 아이들 급식에 이용하기도 하고 남는 것은 시장에 내다 팔아 가난한 아이들의 급식비를 대납해주고 있다고 했다.

이보다도 더 극적인 변화는 교실 안에서 일어나고 있었다. 등교하는 여학생의 수가 급격히 늘어난 것이다. 아프리카 대부분의 지역에서는 물 긷는 일이 여자들 몫이다. 특히 여자아이들은 집에서

지칠 줄 모르는 아이들의 놀이에너지가 저개발국 여성의 교육기회를 넓혀줄 수도 있다.

5~10km 떨어진 우물까지 물을 길러 다니느라 지쳐서, 또는 등교시간을 놓쳐서 아예 학교에 나오지 않는 날이 많다. 그런데 학교에 플레이펌프가 설치되고 나자 여자아이들은 먼곳까지 물을 길러 가는 대신 아침에 정상적으로 학교에 왔다가 방과 후에 물 한 동이씩을 머리에 이고 집으로 돌아가면 되었다.

"플레이펌프가 만들어낸 가장 극적인 변화는 여자아이들에게 교육의 기회를 주게 되었다는 것입니다."

트레버가 가슴에 손을 얹고 눈물까지 글썽이며 말했다. 영국 출신의 이 은퇴한 광고쟁이는 자신이 이루어낸 이런 변화들을 목도할 때마다 스스로 감동스럽다고 했다. 아닌 게 아니라 여학생들이 남학생들과 같은 교육의 기회를 누린다는 것은 많은 아프리카 국가들에 커다란 변화를 만들어낼 초석이 될 수 있을 것이다.

"학교에 물이 없으면 특히 초경이 시작된 고학년 여학생들은 학교에 잘 나오지 않게 됩니다. 위생적인 문제로 몹시 불편하니까요. 개인적으로 이 시스템을 좋아하는 이유는, 플레이펌프가 남자아이들과 여자아이들의 성역할을 바꿔주고 있기 때문입니다. 플레이펌프에서 노는 아이들을 보세요. 모두 남자아이들입니다. 남자아이들이 물을 긷고 있는 겁니다. 저는 그게 너무 기쁩니다."

나는 플레이펌프가 단지 사용할 물을 만들어준다는 것 이상의 의미가 있음을 알고 놀랐다. 아프리카에서 플레이펌프는 미래지향적이고 종합적인 하나의 복지시스템이었다. 플레이펌프가 학교에 설치됨으로써 아이들의 생활과 인생에 의미 있는 변화들이 생겨나고 있었다. 플레이펌프는 아이들의 삶을 크게 바꾸고 있었다.

트레버는 매우 열띤 어조로 자신이 플레이펌프 시스템을 개발하게 된 과정을 설명했다. 플레이펌프의 역사는 1989년으로 거슬러 올라간다. 1989년 여름, 트레버 필드와 그의 장인은 요하네스버그 근교의 한 농장을 방문했다. 거기서 트레버는 장차 수백만 명의 생명을 구할 수 있는 가능성이 숨겨진 어떤 기계와 조우했다. 그것은 물펌프에 부착된 빙빙이였다. 우물을 팔 때마다 몰려들어 구경하던 마을아이들을 즐겁게 해주기 위해 그 지역의 한 우물 기술자가 발명한 것이었다.

광고회사의 간부 출신인 트레버는 이 장치를 하나의 독립된 수도시스템으로 발전시킬 수 있는 아이디어를 생각해냈다. 그는 먼저 퍼올려진 물을 저장할 수 있는 대형수조가 필요할 것이라 생각했고, 광고쟁이답게 대형수조의 네 면을 광고판으로 활용하는 방안을 떠올렸다. 그 순간 트레버는 이것이 '놀이기구와 결합된 물펌프' 이상의 의미를 지닐 수 있음을 깨달았다. 가장 절박하게 물이 필요한 지역에 가장 환경친화적인 방식으로 깨끗한 물을 공급할 수 있는 지속가능한 해결책이 눈앞에 보이는 듯했다.

트레버는 빙빙이 펌프를 발명한 사람로부터 특허권을 사들여 '라운드어바웃 아웃도어즈 Roundabout Outdoors' 라는 회사를 설립했다. 회사의 목적은 트레버가 직접 개량한 플레이펌프 시스템을 물이 부족한 지역에 설치하는 것이었다. 개량된 플레이펌프에는 물탱크와 수도꼭지, 그리고 발판용 콘크리트 덮개가 새로이 추가되었다.

작은 벤처사업으로 시작한 라운드어바웃은 설립 이후 1997년까지 8년 동안 20대의 플레이펌프를 설치했을 뿐이다. 사업의 전기가 된 것은 1999년 넬슨 만델라 남아공 대통령이 참석한 한 초등학교의 개교식이었다. 새 학교에는 트레버의 플레이펌프가 설치되어 있었다. 플레이펌프는 곧 언론의 주목을 받았고, 플레이펌프 사업에는 가속도가 붙었다. 2000년 플레이펌프는 깨끗한 물과 에이즈 예방 메시지를 동시에 전달할 수 있는 능력을 인정받아 'World Bank Development Marketplace Award'를 수상했다.

플레이펌프에 대한 사회적 관심이 커지면서 플레이펌프를 농촌지역에 무상으로 설치하기 위한 모금운동을 담당하게 될 NGO가 만들어졌다. 이것이 바로 크리스티나가 일하고 있는 '플레이펌프 인터내셔널'이다. 플레이펌프 인터내셔널은 미국 뉴욕과 요하네스버그에 사무실을 운영하면서 기업과 개인후원자들로부터 기부금을 받아 아프리카의 오지에 플레이펌프를 공급하고 있다. 2007년까지 라운드 어바웃과 플레이펌프 인터내셔널은 1,100대의 플레이펌프를 남아 공과 모잠비크, 스와질랜드, 잠비아 등에 설치했다.

나는 다른 곳에 설치된 플레이펌프의 사례를 더 취재하고 싶었다. 학교가 아닌 일반 마을에 설치된 플레이펌프는 사람들의 생활을 어떻게 바꾸고 있을까?

노동을 놀이로 바꾸는 기적

 그 루 트 마 리 코 Groot Marico 지역을 흐르는 마디크웨 Madikwe 강은 온통 붉은 흙탕물이었다. 이 강은 일 년에 한 번 큰비가 내린 후에만 흐른다. 건기에는 말라 있고 우기에는 흙 탕물이 되는 마디크웨 강. 우리는 그 강에서 그리 멀지 않은 스퀸스 드리프트 Skuinsdrift 라는 마을을 찾아갔다. 보츠와나 인접지역인 이곳 사람들은 민족적으로는 보츠와나인이고 언어도 보츠와나어를 사용 한다. 마을어귀에 들어서자마자 멀리 플레이펌프의 물탱크가 보였 다. 가까이 다가가니 5살에서 15살 또래의 남자아이들 10여 명이 펌 프를 돌리며 놀고 있었다. 수돗가에는 물을 길러 온 여자아이들이 옹 기종기 모여 있었다. 그중에서도 유독 똘망똘망해 보이는 여자아이 하나가 눈에 띄었다.

레라토 모가피 Lerato Mogapi 는 12살, 밑으로 3살 난 동생이 있었다. 레라토의 어머니는 오랫동안 병을 앓고 있었고, 아버지는 100km 떨 어진 플라티늄 광산에서 일하는데 주말에만 집에 온다. 학교에서 돌 아온 레라토는 혼자서 어린 동생을 보살피고 저녁식사까지 준비해야 한다. 이 마을에 플레이펌프가 설치된 것은 2007년 1월, 그 전에는 3km 떨어진 이웃마을을 오가며 물을 길어와야 했다. 레라토 가족에게 하루 필요한 물은 100ℓ, 레라토는 25ℓ 들이 플라스틱 물동이를 이고 옆마을까지 하루 네 차례 왕복했다. 모두 3시간이나 소요되는 힘겨운 노동이었다.

플레이펌프가 생긴 이후로 레라토는 물을 긷고 저녁준비를 끝내고 나서도 숙제할 시간이 남는다. 레라토는 영어공부에 재미를 붙였고 미래의 꿈도 갖게 되었다. 레라토의 꿈은 간호사가 되는 것이다. 레라토가 영어를 열심히 배우고 학교성적이 좋아진다면 어머니 세대들처럼 근처의 농장에서 일당인부로 일하며 인생을 마치는 대신 자신만의 꿈을 이룰 기회를 갖게 될 것이다.

레라토가 플레이펌프에서 20여m 떨어진 집까지 물동이를 이고 가는 모습을 촬영하다가 나는 레라토의 부엌살림까지 보게 되었다. 양은쟁반과 그릇 몇 개, 그을린 냄비 몇 개가 부엌살림의 전부였지만 깨끗하게 정돈되어 있었다. 집안일을 마치고 난 레라토는 다시 플레이펌프에 나와 놀았다. 플레이펌프에서 노는 아이들은 정말 즐거워 보였다. 그리고 그 아이들의 표정에는 요즘 우리나라의 초등학교 운동장에서 찾아보기 힘든, 때묻지 않은 천진함이 묻어 있었다.

"어린이들이 즐거워 하는 모습을 보는 것이 큰 즐거움입니다. 아프리카의 많은 어린이들이 물동이를 이고 힘든 가사일을 합니다. 플레이펌프는 깨끗한 물을 제공할 뿐 아니라 어린이들을 어린이답게 만들어줍니다."

남자아이들이 빙빙이를 갑자기 빨리 돌리는 바람에 여자아이들이 비명을 지르고 있었다. 크리스티나를 말을 이었다.

"남자아이들은 저렇게 빨리 돌리며 놀고, 여자아이들은 그 위에 앉아서 노래부르고 춤을 추면서 놀아요."

플레이펌프는 이전까지 아프리카 지역에 보급되었던 그 어떤 물펌프나 관개시설보다 성공적이었다. 무엇보다 이미 1,100여 개의 펌프가 설치되었다는 점이 그것을 증명한다. 한때 풍력펌프를 보급하려던 NGO도 있었지만, 풍력펌프는 몇 년 지나지 않아 고철덩어리들이 되고 말았다. 모카라케 초등학교로 가는 길에도 고장난 풍력펌프가 여기저기 눈에 띄었다. 플레이펌프가 성공할 수 있었던 비결은 분명하다. 이름 그대로 어린이들의 '놀이에너지'를 사용하기 때문이다.

"제가 이 시스템을 좋아하는 이유는 말그대로 '플레이펌프'이기 때문입니다. 재미있게 놀면서 물을 얻는다는 거죠. 물을 긷는 일은 힘들고 하기 싫은 일입니다. 그런데 플레이펌프는 재미있잖아요? 일을 놀이로 바꿔준 것이죠."

개발자인 트레버 필드의 말이다.

그나저나 어린이들의 '노는 힘'을 동력원으로 사용할 생각을 왜 이제야 하게 된 것일까? 세계 어느 곳에도 아이들은 많다. 그리고 아이들은 노는 데 지치는 법이 없다. 트레버는 오히려 아이들이 너무 플레이펌프를 돌려서 탱크에 물이 넘치는 것을 막을 방법까지 고민해야 했다.

"그런데 아이들이 노는 것을 말릴 수 있는 방법은 없었어요. 그렇다고 스위치로 아이들을 꺼버릴 수도 없잖아요?"

결국 그는 탱크가 넘치면 물이 다시 관정을 타고 본래의 지하수로 돌아가도록 '되돌림 파이프' 하나를 추가했다. 전날 취재했던 모카라케 초등학교에서는 사실상 플레이펌프가 아이들을 위한 유일한 놀이기구였다. 학교운동장에는 축구골대는커녕 그 흔한 정글짐이나 철봉도 없었다. 원래는 운동장 한구석에 쌓여 있는 폐타이어들이 유일한 놀이기구였지만 지금은 인기가 없다고 했다. 모카라케의 아이들은 플레이펌프를 정말 좋아했다.

아이들은 처음에 플레이펌프를 보고 기적이라고 생각했다고 한다. 그냥 놀았을 뿐인데 물이 콸콸 나오니 너무나 신기했던 것이다. 나중에는 아이들도 이 펌프의 메커니즘을 이해하게 되었고, 펌프를 사랑하게 되었다. 오후 늦은 시간 수도꼭지에서 물이 나오지 않자 한 아이가 친구들에게 "펌프! 펌프!" 하고 외쳤고, 친구들이 몰려와 빙빙이를 한 바퀴 돌리자 이내 물이 쏟아지는 광경을 나는 보았다.

플레이펌프는 전기나 석유를 얻기 어려운 개발도상국이나 오지에 매우 적절한 기술로 보였다. 플레이펌프 인터내셔널과 트레버 필드는 플레이펌프에 발전기까지 달아 부가적으로 전력을 생산한다는 계획도 가지고 있다. 플레이펌프로 핸드폰을 충전하거나 인터넷과 연결된 노트북 컴퓨터를 몇 대 사용하는 정도의 전력을 얻는 것은 그리 어려운 일이 아닐 것이다.

플레이펌프는 아프리카의 많은 어린이들에게 큰 기쁨을 선물했다. 게다가 아이들은 큰일을 해내고 있었다. 그것도 전혀 힘을 들이지 않고 말이다. 재미있는 동력, 편 에너지, 이것이 인간동력을 부활시킬 수 있는 열쇠였다.

만 원짜리 발전소

그렇다면 아파트나 학교의 놀이터를 소규모 발전 시설로 활용하는 것도 가능하지 않을까? 실제로 어린이들의 왕성한 놀이활동을 에너지원으로 주목하고 있는 연구자가 있다. 미국 사우스이스턴의 루이지애나 대학교Southeastern Louisiana University 전기공학과 교수인 판디안Raj Pandian 박사는 어린이 놀이터에서 전기를 생산해보자는 아이디어를 실행에 옮기고 있다.

뉴올리언스 교외에 있는 판디안 박사의 집 뒤뜰에는 놀이터가 있다. 이 놀이터는 '인력발전' 연구를 위해 그가 직접 설계한 것이고, 당연히 동네 어린이들에게 개방되어 있다.

"아이들은 늘 뛰어놀고 싶어합니다. 아이들이 뛰어놀 때 발산되는 에너지는 매우 자연스러운 산물입니다. 특히 아이들은 무리를 지어 놀기 때문에 더 많은 동력을 생산할 수 있습니다."

'자연스러운 산물(natural product)'이라는 말이 흥미롭게 들렸다. 어린이들의 놀이는 자연스러운 일이다. 누군가가 억지로 시키거나 유도된 활동은 자연스럽지 않다. 어떤 회사가 직원들에게 일정시간 페달발전기를 돌리라고 강요한다면 고대의 노예제도와 다를 바 없을 것이다. 그렇게 만들어지는 에너지는 환경적으로는 자연스러울지

화석연료는 지루하거나 힘든 인류의 노동을 대체해왔다. '펀 에너지' 는 인간동력을 부활시킬 수 있는 마지막 열쇠다.

몰라도 심리적으로는 결코 자연스럽지 못하다. 반면에 어린이놀이터의 '펀 에너지' 는 환경적으로나 심리적으로 매우 자연스럽다. 인간동력이 미래의 에너지원으로 성공하려면 심리적인 장애요인을 극복하는 것이 무엇보다 중요하다. 아무리 효율이 높은 인간동력기구라 하더라도 귀찮거나 힘들면 사용하지 않는다. 판디안 박사가 어린이놀이터에 일차적으로 주목한 것도 바로 그 때문이었다.

오후 1시가 되자 판디안 박사의 놀이터에 아이들이 몰려들었다. 놀이터의 모든 놀이기구들에는 발전기가 달려 있다. 판디안 박사는 개개의 발전기가 생산하는 전기의 양을 측정하고 놀이기구의 발전효율을 점검했다. 놀이기구에 발전기가 달려 있다고 하지만 아이들의 놀이에는 아무런 영향도 주지 않는다. 사실 아이들은 놀이 자체에만 열중할 뿐 발전 따위에는 관심도 없었다. 나는 이 광경을 지켜보는 어머니들에게 물었다.

"혹시 아이들을 이용해서 발전을 한다는 것에 부모로서 심리적 저항감을 느끼지는 않습니까?"

대답은 한결같았다.

"뭐가 어때요? 좋죠!"

판디안 박사의 놀이터에서도 가장 먼저 눈에 띈 것은 '빙빙이'였다. 어디에서나 볼 수 있는 평범한 원반형 놀이기구였는데, 한쪽 측면에 고무바퀴로 구동되는 발전기가 달려 있었다. 아이들이 빙빙이를 돌리고 놀면 고무바퀴가 따라 돌면서 발전이 되는 간단한 장치였다. 시소에는 도르레를 달아서 상하운동을 회전운동으로 바꾸고, 이 회전운동으로 발전기를 돌리고 있었다. 전기공학과 교수의 발명품치고는 지나치게 간단해 보였다.

2년 전 판디안 박사는 시소에 공기압펌프를 달아서 발전하는 장치로 뉴욕타임즈의 '올해의 발명품' 대상을 받은 바 있다. 놀이기구로 전기를 만든다는 참신한 아이디어를 높이 산 것이다. 그런데 그는 이 공기압펌프를 최근 폐기처분했다. 공기압 발전기의 설치비가 대당 120달러나 들었기 때문이다. 자전거타이어에 바람을 넣을 때 쓰는 펌프를 변형해 사용하고 터빈도 최대한 간단한 것으로 바꿔봤지만 설치비는 그가 목표로 하는 선까지 낮아지지 않았다. 결국 그는 시멘트, 널판지, 못으로 만든 추가장치에 발전기만 부착하면 되는 '빙빙이 발전기'를 고안하게 되었다.

"설치비는 단돈 10달러예요. 게다가 아무나 한번 보면 쉽게 따라 만들 수 있죠. 인력발전은 풍력이나 태양열을 대체하는 그린에너지가 되어야 합니다. 그러기 위해서는 투자비용도 거의 들지 않아야 옳겠지요."

태양광발전은 초기 설치비용이 너무 비싼 탓에, 풍력발전은 소음과 잦은 고장 때문에 별로 인기가 없다. 놀이터발전이 대체에너지로 인정받으려면 무엇보다 설치가 쉽고 고장이 나지 않아야 한다. 특히 저개발국에서 사용하려면 복잡한 방식보다는 가급적 단순한 것이 좋다. 인도가 고향인 판디안 박사는 저개발국의 형편을 누구보다 잘 알고 있었다. 그의 고향에서는 지금도 사람들이 전선 몇 미터를 구하지 못해 쩔쩔 매는 경우가 많다. 그가 시멘트와 나무 같은 흔한 재료만을 고집하는 것도 그 때문이다.

"거의 모든 놀이기구에 아주 저렴한 비용으로 발전기를 설치하는 것이 가능합니다. 다음번 과제는 그네에 발전기를 다는 겁니다."

그나저나 아이들의 놀이로부터 과연 전기를 얼마나 얻을 수 있을까? 학생들의 놀이에너지만으로 한 학교 전체가 사용할 정도의 전력을 생산하는 것이 가능한 일일까?

"가능합니다. 우리집 거실로 가봅시다."

미국의 뱃살을 아프리카로!

이번에는 판디안 박사의 집 안으로 초등학교 4~5학년쯤 되는 아이들과 부모들이 몰려들어갔다. 판디안 박사의 거실에 설치된 비디오게임기는 닌텐도의 〈수퍼마리오 카트〉를 하드웨어적으로 변형시킨 것이었다. 페달을 빨리 밟을수록 화면 속의 카트가 점점 빨라지고, 자전거핸들을 좌우로 조작함에 따라 화면 속의 카트도 스티어링이 된다. 아이들은 붙박이 자전거 위에 앉아 비디오게임에 열광했다. 키보드나 조이스틱보다 조작감이 리얼했기 때문이다. 어쨌든 게임화면을 계속 보기 위해서라도 아이들은 페달을 돌리지 않으면 안 된다.

"꼭 게임 속으로 빨려들어가는 것 같아요!"

이날 테스트에는 동시에 4명이 게임을 하도록 세팅되어 있었지만 최대 12명까지 함께 게임을 즐길 수 있다고 한다. 레이싱에서 이기려면 죽어라 페달을 밟아야 한다. 물론 이 자전거의 바퀴에는 발전기가 달려 있었다. 닌텐도의 콘솔게임기 'Wii'가 다양한 스포츠형 입력장치와 소프트웨어로 게임성과 운동효과를 동시에 잡아냈다면, 판디안 박사의 게임기는 이를 '무전원'으로 한 단계 더 업그레이드시킨 셈이다. 아이들이 게임을 하면서 만들어내는 전력은 1인당 평균

120W 정도였다. 게임기와 모니터를 작동시키는 데는 100W 정도면 충분하므로 아이들 4명은 평균 400W 정도의 잉여전력을 생산하게 된다.

"이 잉여전력을 배터리에 저장하면 학교에서 쓸 수 있는 전력이 됩니다. 12명이 동시에 게임을 하면 1.5kW를 생산할 수 있습니다. 1.5kW 정도면 컴퓨터교실 하나를 운영할 수도 있고 영화를 볼 수도 있습니다. 학교의 모든 교실에 형광등을 켤 수도 있지요. 물론 에너지를 많이 쓰는 미국의 초등학교에는 모자라겠지만 저개발국 어린이들에게 전기의 혜택을 주기에는 충분한 양입니다."

부모들의 반응도 긍정적이었다.

"학교 끝나면 집에 틀어박혀 하루종일 비디오게임만 하거든요. 그런데 이런 방식이라면 게임을 하면서 자동으로 운동도 되니 얼마나 좋아요!"

아이들은 게임을 해서 좋고, 부모들은 운동을 시켜서 좋고, 가정에서 쓸 보조전력까지 얻을 수 있다면 그야말로 1석3조다. 판디안 박사는 이 기술이 선진국 아이들에게는 운동 목적으로, 저개발국에서는 요긴한 전력공급원으로 환영받을 것이라고 말했다.

판디안 박사는 한 학급 전체가 페달을 돌려서 참여하는 교육용 소프트웨어를 개발할 계획도 가지고 있었다. 그렇게 하면 수업시간에도 페달발전기가 가동되고 그만큼 더 많은 양의 전력을 얻을 수 있게 된다.

"이런 방식의 교육용 소프트웨어를 활용하면 500명 규모의 학교

게임에 빠진 아이들은 자기가 운동을 하면서 전기까지 만들어내고 있다는 사실을 알기나 할까?

에서 500가구에 전기를 공급하는 것이 가능해집니다. 학생 개개인의 신체리듬변화를 추적할 수 있는 기능을 부가하면 아이들이 어느 정도 운동을 했는지, 얼마나 많은 칼로리를 소모했는지도 체크할 수 있습니다. 그렇게 하면 정확히 일일권장량만큼씩만 운동하도록 할 수 있을 뿐만 아니라 비만아동들을 특별관리할 수도 있겠죠. 교실의 책상 밑에 간단히 장착하는 페달발전기도 연구하고 있는데 10살 난 제 아들 방에 설치해놓고 요즘 실험중이랍니다."

판디안 박사는 아들의 방으로 우리를 안내하면서 자신의 '연구조수'라며 아들을 소개했다. 우리는 판디안 박사의 아들이 발전기의 배선을 직접 연결하고 페달을 돌려 게임기를 조작하는 모습을 촬영했다. 연구조수라는 소개가 무색하지 않게 그의 아들은 게임기가 작동되는 원리를 우리에게 조리있게 설명해주었다. 한 학급의 모든 책상 밑에는 페달발전기를, 책상 상판의 아랫면에는 LCD모니터를 장착 한다. 책상의 상판을 젖히면 책상은 페달발전 비디오게임기로 변신 한다. 아이들은 쉬는 시간에는 자유롭게 게임을 할 수 있고, 수업시 간에는 교사의 지시에 따라 모니터를 보며 교육용 소프트웨어로 공 부를 할 수 있다. 물론 페달을 돌려야만 게임기와 모니터가 작동되 고, 결과적으로 풍부한 잉여전력이 생겨난다.

이렇게 만들어진 전기는 학교와 지역사회에서 일상전력으로 사용 할 수 있을 것이다. 전기가 없는 곳, 또는 전기가 있어도 비싸서 사용 할 엄두를 내지 못하는 곳에서는 다만 몇 킬로와트의 전력도 아주 요 긴하게 쓰일 수 있다. 인터넷에 연결된 컴퓨터 몇 대가 인류에 놀라 운 지적 축복을 내려줄 수 있고, 의약품과 종자를 보관하는 냉장고 하나가 수십만의 생명을 살릴 수도 있다. 밤을 밝히는 형광등 몇 개 가 아프리카 오지의 어린이들의 소중한 미래를 지켜줄 수도 있을 것 이다.

"하지만 미국이나 유럽처럼 전력이 풍부한 곳에서는 굳이 이런 식 으로 아이들의 놀이동력까지 이용해 전기를 만들 필요는 없지 않을 까요? 건강이 더 중요한 관심사라면 아이들을 운동시킬 수 있는 다 른 좋은 방법도 얼마든지 있을 텐데요."

내가 짐짓 이렇게 묻자 판디안 박사는 반색을 하면서 스크랩한 신 문기사를 내밀었다. 신문에는 '자선운동 Exercise for Charity'라는 헤드 라인이 크게 인쇄되어 있었다. 자선운동이란, 과영양으로 매일 운동이 필요한 미국인들이 운동을 할 때 만드는 에너지로 전기를 만들어 저개발국에 선물하자는 아이디어다. 쉽게 말하자면 미국인들의 뱃살을 아프리카에 에너지로 주자는 것이다. 판디안 박사는 전기를 어떻게 전달할 것인가에 대해서도 이미 생각해두고 있었다.

"미국에서 아프리카까지 전봇대를 세우자는 게 아닙니다. 미국의 학교에서 만든 잉여전력을 전력회사에서 사주고, 그 돈으로 아프리카의 학교에 발전용 게임설비를 공급하자는 구상이지요."

미국의 비만아동은 하루가 다르게 늘어나고 있다. 2008년 현재 33%의 아동과 청소년들이 과체중이거나 비만인 것으로 조사되었다. 비만은 미국의 청소년들에게 가장 흔한 질병이며, 불행하게도 가장 고치기 힘든 질병이다. 아동비만은 성인비만으로 이어지며, 미국에서만 한해 평균 30만 명이 비만으로 인한 파생질환으로 사망한다. 이로 인한 사회적 비용만 연간 100억 달러에 이른다.

미국의 저널리스트 그렉 크리처 Greg Critser는 저서 『비만의 제국』에서 미국인들이 극도로 뚱뚱해진 원인을 한마디로 "값싼 칼로리의 향연" 때문이라고 지적한다. 값싼 석유에너지를 농업에 쏟아부은 결과로 만들어진 막대한 옥수수와 콩은 값싼 고과당 시럽으로 바뀌어 저가의 탄산음료를 미국인들의 위장에 쏟아부을 수 있게 했고, 옥수수와 콩을 먹여 키운 소와 돼지는 지방덩어리를 매일 미국인의 식탁에 올릴 수 있게 했다. 자동차 위주의 교통망은 건강유지에 필요한 최소한의 보행거리조차 허락하지 않게 되었고, 산업이 되어버린 프로스포츠는 취미와 운동을 TV시청으로 바꾸어버렸다. 북미와 유럽에서 유행하는 전염병적인 비만의 원인은 바로 에너지 과소비라는 것이다.

에너지를 과소비한 결과로 질병이 횡행한다면, 과소비하던 에너지를 부족한 곳에 돌려주는 것이 여러모로 옳다. '자선'이라는 용어로 미루어 아직 미국인은 자신의 문제점들을 심각하게 반성하고 있는 것 같지는 않다. 다만 그 개념만은 환영할 만하며 우리에게도 시사하는 바가 크다. 우리나라의 에너지 소비행태는 미국의 그것을 그대로 닮아가고 있고, 그에 따라 비만인구도 급증하고 있기 때문이다.

3억의 미국인들이 운동을 하면서 생산한 전기를 모두 돈으로 바꿀 수만 있다면 전기의 혜택을 받지 못하는 지역의 어린이들에게 플레이펌프와 게임발전기를 보급하는 일은 그리 어렵지 않을 것이다. 충분히 재미있다면 어른들도 얼마든지 페달을 돌려가며 게임에 열중할 수 있을 것이다. 재미의 강도가 운동에 대한 심리적 저항의 강도를 상쇄하고도 남는다면, 판디안 박사의 희망처럼 머지않아 인간동력의 화려한 부활도 가능해지지 않을까?

5

근육의 부활

휴먼카를 도시로 가져가면 순식간에 구경꾼들이 모여들곤 한다. 아무
런 설명을 안 해줘도 사람들은 휴먼카의 개념을 금세 알아챈다. 석유를
위해 전쟁을 할 필요도 없고, 하늘을 오염시키지도 않고, 그리고 다시
건강해질 수도 있다. 사람들은 잘 알고 있다.

HUMAN POWER

21C의 기발한 축지법

 자전거는 현대사회에 거의 유일하게 살아남은 인간
동력 기구다. 자전거에는 두 가지 커다란 장점이 있다.
에너지는 형태를 바꿀 때마다 조금씩 유실된다. 전기의 생산에서 소
비에 이르는 과정은 예컨대 열에너지가 운동에너지로, 운동에너지
가 전기에너지로, 전기에너지가 다시 운동에너지로 바뀌는 과정에
다름아니다. 그런데 각 단계마다 에너지는 조금씩 손실된다. 페달을
돌려서 전기를 만들 때도 마찬가지다. '마찰저항'이나 '유도저항'
따위가 이 손실의 원인이다. 하지만 자전거는 페달에 가해지는 근육
의 힘을 고스란히 추진력으로 사용하기 때문에 잃어버리는 에너지가
거의 없다. 자전거의 첫번째 미덕은 바로 '효율'이다.

자전거는 화석에너지를 절감하는 효과 면에서도 매우 탁월하다.
이유는 간단하다. 자전거를 타면 자동차는 세워두게 된다(물론 '공기
좋은 곳'에서 타겠다고 자전거를 자동차에 싣고 일부러 멀리 나가는 경우는
논외로 하자). 출근길에 자동차 대신 자전거를 타고 나선다면 무게
5kg, 평균 1/4마력의 자전거가 승용차와 완전한 동급이 된다. 당신
의 차가 1,500cc 세단이라면 당신의 자전거는 1,500cc 승용차가 필
요로 하는 만큼의 기름을 절약시켜 줄 것이고, 당신의 차가 4,500cc

SUV라면 당신의 자전거는 4,500cc SUV가 필요로 하는 만큼의 기름을 절약시켜줄 것이다. 자전거의 두번째 미덕은 '이동수단'이라는 점이다.

나는 중3부터 고2까지 3년 동안 자전거로 매일 왕복 20km를 통학한 적이 있다. 20분 정도 걸리는 버스를 두고 굳이 한 시간씩 땀을 흘리기로 결심한 이유는 버스가 한 시간 이상의 간격으로 뜸하게 운행되었던 탓에 한 번 놓치면 꼼짝없이 지각을 해야 했기 때문이다. 숨쉬기조차 힘들 정도로 빽빽한 만원버스 안에서 땀을 흘리는 것보다는 자전거페달을 돌리면서 땀을 흘리는 편이 더 상쾌하다는 이유도 있었다.

비오는 날 가방이 젖는 것과 안경에 빗물이 떨어지면 시야확보 때문에 다소 위험하다는 점만 빼고 자전거 통학은 대체로 만족스러웠다. 그런데 비에 젖은 노트와 책은 정말 회복불능의 재앙이었다. 그래서 나는 자전거 짐칸에 장착하는 방수형 적재함을 갈망하게 되었다. 하지만 불행히도 당시엔 그런 액세서리가 없었다. 비닐자루 같은 것을 가방에 뒤집어씌울 수도 있었겠지만 사춘기소년이 감당하기에는 지나치게 꼴불견이었다. 20여 년이 지나 피자헛 오토바이 뒤에 매달려 있는 콘솔박스를 보는 순간 "바로 저건데!" 하며 외쳤을 정도로 당시 나의 딜레마는 심각했다. 그런데 아직도 자전거 뒷바퀴에 탈착할 수 있는 자전거용 적재함은 시판되지 않는다.

자전거가 주는 두번째 괴로움은 바지자락이 체인에 걸려 시커먼 기름때가 묻는 것이었다. 주말에 깨끗하게 빨아 월요일 아침에 정성

스레 다려 입은 교복바지에 시커먼 기름때가 묻는 것은 정말 참기 힘든 일이었다. 하복의 회색 바지는 기름때에 특히 취약했다. 물론 자전거에 오르기 전에 바짓단을 양말 속으로 접어 넣으면 해결되는 문제였지만, 이 역시 모양새가 심하게 훼손되는 짓이어서 사춘기소년의 고려대상은 아니었다. 바지가 체인에 걸리지 않게 해주면서 그럭저럭 멋스럽기도 한 자전거용 발목밴드가 출현하기까지는 그로부터 무려 20여 년이나 기다려야 했다. 자동차 관련 기술이 진화해온 속도와 비교해보면 한심하기 짝이 없는 속도다.

자동차 분야에서 연료분사식 엔진, 자동변속기, ABS브레이크, 에어백 등 환상적일 만큼 눈부신 발전이 이루어지고 있는 동안 자전거 분야에서 변화한 것은 거의 없었다. 유럽에서 인기 있는 자전거 경주대회 덕택에 자전거를 가볍게 만들려는 시도는 계속 이어졌지만, 자전거의 기본적인 디자인, 체인을 이용한 동력전달방식 등에는 지금도 아무런 변함이 없다. '필요는 발명의 어머니'라는 말이 자전거와 관련해서는 무색할 정도다. 자전거의 불편을 개선하려는 기술적 노력은 자동차에 비해 한심하기 짝이 없다.

그래서 알레낙스Alenax의 가변페달식 자전거를 처음 보았을 때 나는 우리가 상상하는 것 이상으로 자전거도 진화할 여지가 아직 충분하다고 확신하게 되었다. '걷는 자전거'라는 알레낙스 사의 표현처럼, 이 자전거는 한 발씩 걷는 방식으로 작동한다. 걷는 것이 지루해지면 전통적인 회전방식으로 전환할 수도 있고, 다리가 피곤해지면 양발을 동시에 쭉쭉 펴는 방식으로 운전할 수도 있다.

알레낙스 자전거를 타면 단순하고 지루한 발동작을 반복할 필요가 없다.

미국 뉴저지에 살고 있는 한 재미교포가 20여 년의 연구 끝에 탄생시킨 알레낙스 자전거는 전 세계 30개국에서 특허를 받고 각종 발명품 전시회에서 대상을 휩쓸었다. 알레낙스의 보행형 페달은 기존 자전거의 360도 회전에서 탈피하여 마치 걷는 것처럼 135도까지만 회전한다. 여기에는 자전거가 나아가는 데 꼭 필요한 각도까지만 사용하자는 효율역학이 숨어 있다. 전통적인 자전거 페달링에서 절반은 힘을 주지 않는 발이 다시 원점으로 되돌아오는 예비단계라고 할 수 있다. 이 예비단계에서는 동력이 전혀 발생되지 않는다. 그런데 알레낙스 보행형 페달은 이런 예비단계를 획기적으로 단축시킨다. 더구나 '걷기'는 인류의 오랜 본능이 아닌가? 아이에게 처음으로 세발자전거를 태워본 경험이 있는 부모라면 누구나 아이들이 자전거 페달에 익숙해지기까지 의외로 많은 시간이 걸린다는 사실을 알고 있다. 알레낙스에서는 "걷기 방식은 회전 방식보다 쉽고 관절에 무리도 덜 간다"고 설명한다.

알레낙스 자전거는 걷기 방식 외에도 '양발 동시 원회전' '양발 동시 보행' '한 발 원회전' '한 발 보행' 등 총 5가지 페달링 방식을 제공하고 있다. 이처럼 다양한 방식의 페달링은 한 가지 동작만 반복해야 하는 지루함을 보완하여 자전거 타는 재미를 배가시키기에 충분해 보인다. '재미'가 인간동력 대중화의 핵심인 만큼 '재미있는 페달'의 발명은 자전거 200년 역사를 뒤바꿀 일대사건이라고 할 만하다. 특히 중요한 것은 알레낙스의 보행형 페달이 오랜 고정관념을 깼다는 점이다. 티타늄 자전거는 있었지만 지금껏 '돌지 않는 페달'은 없었다. '돌아야 페달이다'라는 고정관념은 자전거 설계자와 사용자 모두에게 높은 울타리로 작용하고 있었다.

페달에 관한 고정관념이 깨진 것처럼 자전거 디자인에도 획기적인 변화가 올 수 있을까? 자전거 발명가인 최인섭을 만나면서 나는 그 가능성도 한 걸음씩 다가오고 있음을 확인할 수 있었다.

외롭지 않으면 멀리 갈 수 있다

 최 인 섭 은 자전거 관련 발명특허만 10여 개 이상 보유하고 있는 발명가다. 최인섭이 '개발실'이라고 부르는 그의 비밀작업실은 용접기는 물론 선반과 밀링머신까지 갖추고 있는 작은 공장이었다. 그는 오랜 연구 끝에 2인승 자전거의 개발을 막 마치고 3~5인승 자전거를 구상하고 있는 중이었다. 그의 개발실에는 2인승 자전거 이외에도 두 사람이 동시에 사용하도록 고안된 2인용 운동기구들이 즐비했다. 페달을 돌리면 말을 타는 것처럼 안장을 상하로 움직여주는 전신운동기구도 있었는데, 그것 역시 두 사람이 함께 타도록 되어 있다.

"부인을 무척이나 사랑하시나 봐요?"

나의 싱거운 질문에 그는 말없이 빙그레 웃었다.

최인섭의 2인승 자전거는 한강 고수부지에서 빌려주는 '연인들을 위한 2인승 자전거'와는 구조적으로 완전히 다른 형태였다. 기존의 2인승 자전거는 보통의 자전거에 안장과 페달을 하나 더 추가한 것에 불과하지만, 최인섭이 만든 2인승 자전거는 완전한 두 대의 자전거를 하나로 합체한 것이다. 자전거 두 대를 앞뒤로 놓고 뒤쪽 자전거의 앞바퀴를 떼어내고 핸들을 앞쪽 자전거의 뒷바퀴에 올려놓으면

3개의 바퀴를 두 사람이 돌리면 힘들이지 않고 더 먼 거리를 갈 수 있으며 무엇보다, 외롭지 않다.

변신이 끝난다. 이렇게 합체된 2인승 자전거는 '일렬 3륜 자전거'라는 독특한 형태가 된다. 최인섭의 2인승 자전거는 두 사람이 각각 하나의 자전거로 탈 수도 있고 두 자전거를 합체하여 함께 탈 수도 있는 방식이다.

최인섭은 부인과 함께 작업실 근처의 공원에서 이 독특한 2인승 자전거에 올랐다. 앞뒤 바퀴가 핸들축으로 연결되어 관절처럼 꺾이기 때문에 회전반경이 보통의 자전거보다 짧았고, 따라서 매우 기민한 움직임을 보여주고 있었다. 뒷사람은 핸들을 조작할 필요도 없었고 아예 자전거를 타지 못해도 상관없었다. 최인섭 부부는 언덕을 올라갔다가 가파른 계단으로 내려오는 스턴트를 연출하기도 했다.

"바퀴가 3개라서 아주 안정적이에요. 초보자도 계단을 타고 내려올 수 있을 정도랍니다."

나는 놀라웠다. 관절처럼 꺾이는 구조, 세 바퀴의 안정성, 동승자가 뒷좌석에서 제2의 엔진 역할을 할 수 있는 효율성… 실로 놀라운 발명품이었다.

"2인승 자전거를 생각하게 된 특별한 동기가 있었습니까?"

"자전거는 고독하잖아요? 고독한 레이스란 말이에요. 자전거를 좋아하는 사람들도 고독한 것이 싫어서 결국은 자전거를 그만두게 됩니다. 바로 제가 그랬습니다."

최인섭은 자신이 자전거를 탈 때 느꼈던 가장 큰 불편이 고독감이었다고 말했다. 그게 싫어서 취미로 즐기던 장거리 하이킹을 결국 그만두었다는 것이다.

"두 사람이 같이 출발해도 중간에는 꼭 헤어진단 말이에요. 능력차이가 있으니까요. 그런데 2인승 자전거를 타게 되면 같이 얘기할 수도 있고, 힘이 남는 사람이 힘이 모자란 사람을 배려할 수도 있고, 마침내 목적지에 함께 도착하게 된다는 겁니다."

그가 설명하는 두번째 동기는 역시 효율이었다. 자전거가 다인승이 되면 힘이 덜 든다는 것이다. 심리적인 차원만이 아니라 실제로도 힘이 덜 든다고 한다. 두 사람이 세 바퀴를 돌리는 것이어서 바퀴 하나를 덜 돌리는 셈이기 때문이다. 그래서 더 먼 거리를 갈 수 있다고 한다.

"이 자전거의 실용적인 측면은 장거리에 특히 유리하다는 겁니다. 요즘은 자전거를 차에 싣고 멀리 나가서 타는 사람이 많은데, 이 자전거는 처음부터 자전거를 타고 멀리 나갈 수 있도록 고안된 것입

니다."

최인섭의 2인승 자전거는 지루하거나 고독하지 않아서, 그리고 힘이 덜 들어서 더 멀리까지 갈 수 있다. 2인승 자전거는 인간동력에 효율과 재미를 더해주고 있었다. 이는 페달버스가 가지고 있는 미덕과 크게 다르지 않다. 다인승 자전거는 자전거가 다시 실용적인 교통수단으로 주목받을 수 있도록 해주는 한 전기가 될지도 모른다.

"그동안 자전거가 티타늄이나 알루미늄 같은 소재개발 쪽으로만 치우쳐왔는데, 이것이 오히려 대중으로부터 자전거가 유리되는 결과를 가져왔습니다. 쓸데없이 가격만 올린 거지 뭡니까."

최인섭은 자전거의 발전방향에 대해 할 말이 많았다.

"자전거는 기능을 개선하는 쪽으로 발전되어야 합니다. 개인이 느끼는 사소한 불편들까지도 모두 맞춤형으로 개선한 다양한 형태의 자전거가 나와야 한다는 거예요. 고독감이 싫은 사람들에겐 다인승 자전거를, 상체가 발달한 사람들에겐 팔다리를 모두 쓰는 자전거를 줘야지요. 불편함이 사라지면 결국 사람들이 자전거를 타게 될 겁니다."

그는 자신의 2인승 자전거 프레임에서 가느다란 고무관을 꺼냈다. 고무관은 다름아닌 자전거용 펌프의 한쪽 끝이었다. 자전거의 프레임이 곧 공기펌프였던 것이다. 프레임 파이프의 뚜껑을 열자 펌핑손잡이가 나왔다. 그는 웃으면서 타이어에 공기를 주입했다.

"타이어에 공기 빠질 걱정은 없는 거죠."

하루에도 수만 대의 자전거가 전국적으로 폐기처분되고 있다고 한다. 따지고보면 바퀴에 고작 바람이 빠졌다는 이유로 많은 사람들이 멀쩡한 자전거를 장시간 방치하여 결국은 폐자전거를 만들곤 한다. 자전거에 아예 공기펌프를 빌트인 방식으로 달아주면 폐자전거의 수도 엄청나게 줄어들 것이다. 자전거 디자인의 실질적인 진화란 바로 이런 것이 아닐까. 자전거를 만들어 판매해온 대기업들은 그동안 자전거를 타는 사람들이 느끼는 불편함을 오히려 잘 헤아리지 못했다. 최인섭 같은 사람들이 자전거산업에 답답함을 느끼고 있는 것도 그 때문이다. 결국 그는 스스로 그 답답함을 해결했다.

최인섭의 가족은 자전거와 인연이 깊다. 그의 부친은 해방전 이북에서 자전거공장을 운영했다. 당시 부친이 만든 '비둘기호 자전거'는 꽤 유명했다고 한다. 남쪽으로 내려와 인천에 자리잡은 후에도 최인섭의 가족은 자전거사업을 계속했지만, 1980년대 이후로 자전거의 인기가 시들해지면서 한동안 자동차 관련부품을 제조하는 쪽으로 업종을 변경했다. 이제 최인섭은 2인승 자전거를 계기로 다시 가업을 자전거사업 쪽으로 돌릴 수 있게 되기를 바라고 있었다.

누워서 떡 먹는 자전거?

 샌프란시스코의 버스사이클 관리자인 마틴 크리그
는 '리컴번트 자전거'를 처음 타본 후 열렬한 자전거 마
니아가 되었다고 했다. 그런데 그를 자전거의 매력에 푹 빠지게 만들
었다는 리컴번트 자전거는 사실 그리 새로운 것이 아니다. 다만 1930
년대 초에 처음 개발된 이후 MIT의 데이비드 고든 윌슨David Gordon
Wilson 교수에 의해 재발견되기까지 무려 40년 동안 까맣게 잊혀져 있
었을 따름이다. 리컴번트 자전거가 여러 우수성에도 불구하고 일반
인들은 물론 자전거업계에서조차 잊혀지게 된 이유는 무엇일까?

제1차 세계대전 직전, 프랑스의 자동차기술자였던 샤를르 모쉐
Charles Mochet는 작은 차제의 4륜자전거 하나를 만들었다. 위험해 보
인다는 이유로 아내가 어린 아들의 자전거 놀이에 반대하자, 어린 아
들을 위해 쓰러져도 다치지 않는 자전거를 만들어준 것이다. 실제로
얇은 합판으로 차체가 보강된 4륜자전거는 절대 쓰러지지 않았다.
게다가 그의 아들은 이 4륜자전거로 다른 친구들의 2륜자전거를 멀
찍이 추월해 내달리곤 했다. 빨랐던 것이다. 하지만 당시만 해도 모
쉐는 자신이 만든 4륜자전거가 어떻게 발전해나갈지 알지 못했다.

4륜자전거의 성능이 예상보다 우수한 것에 용기를 얻은 모쉐는 자

동차 제작을 그만두고 인간동력차의 제작에 몰두하게 되었다. 당시 프랑스사회에서 자동차는 소수의 부유층만 소유할 수 있는 고가품이었다. 인간동력차는 그 간극을 메울 상품으로 가능성이 높아 보였다. 얼마후 그는 좌석과 페달이 각각 두 개씩 달린 성인용 4륜자전거를 만들고 '벨로카Velocar'란 이름을 붙였다. 기술적인 측면에서도 어린 아들을 위해 만들었던 것에서 한 단계 업그레이드된 것이었다. 분리형 3단기어를 채택한데다 항공기용 재료인 트리플렉스로 만든 유선형 차체는 가벼우면서도 튼튼했다. 무엇보다도 자전거보다 훨씬 편안해진 좌석이 벨로카의 최대장점이었다. 짐을 싣는 트렁크 공간도 있었다. 전후의 피폐해진 프랑스경제는 벨로카의 판매에 오히려 도움이 되었다. 많은 프랑스인들에게 자동차 구입이란 이룰 수 없는 꿈이었다. 덕분에 모쉐의 벨로카는 날개 돋친 듯 팔려나갔다. 1930년대까지 벨로카의 판매는 계속 상승세를 유지했다.

벨로카는 자전거경주의 선도용 차량으로 사용될 정도로 빨랐다 (오늘날 이 임무는 모터사이클이 맡고 있다). 하지만 벨로카에는 치명적인 약점이 있었다. 속도를 내는 것은 쉬웠지만 고속에서 회전하는 것은 위험했던 것이다. 따라서 벨로카는 커브를 만날 때마다 일단 브레이크를 걸었다가 다시 가속해야만 했다. 3륜차로 바꿔보았지만 오히려 4륜차보다 코너링에는 더 취약했다. 고속으로 코너링하다가는 전복되기 일쑤였다.

모쉐는 마침내 기발한 아이디어를 생각해냈다. 벨로카를 반으로 쪼개어 2륜 벨로카를 만들자는 것이었다. 리컴번트 자전거가 탄생하

리컴번트의 조상 2륜 벨로카는 고정관념만 빼고 자전거와 관련된 당대의 모든 요구를 만족시켰다.

는 순간이었다. 지름 50cm짜리 바퀴 두 개에 휠베이스(바퀴축 사이의 거리)는 146cm였다. BB(Bottom Bracket. 왼페달과 오른페달이 만나는 자전거의 중심부)는 좌석보다 약간 높은 곳에 위치해 있었고, 좌석의 높이는 타는 사람의 키에 맞춰 조절이 가능하도록 되어 있었다. 모쉐는 2륜 벨로카를 디자인하면서 많은 것을 세심하게 고려했다. 기존의 경주용 자전거보다 빨라야 했고, 장거리여행이나 일상생활용으로도 적합해야 했다.

모쉐는 자신의 2륜 벨로카를 경주에 출전시키기 위해 적당한 선수를 물색했다. 프랑스의 최고급 사이클선수들이 그의 자전거를 타보고 그 속도와 편안함에 놀라워 했다. 하지만 이 희한한 자전거를 타고 경주에 나가겠다는 선수는 하나도 없었다. 조롱거리가 될까 두려워 했던 것이다. 별수없이 모쉐는 'B급 선수' 중에서 한 명을 선택했다.

경기 첫날, 프란시스 포레Francis Faure 라는 선수가 '누워서 타는 자전거'를 타고 출전하자 다른 선수들은 "자러 나왔냐"며 비웃었다. 하지만 경주가 시작되자 포레는 자신을 비웃던 선수들을 하나둘씩 제치고 큰 거리차로 우승을 차지했다. 다음날에도 포레의 독주는 계속 이어졌고, 포레는 단숨에 '벨로드롬의 제왕'이 되었다. 트랙경주에서뿐 아니라 도로경주에서도 벨로카는 독보적이었다. 포레를 비롯해 폴 모랑 등 모쉐의 2륜 벨로카를 타는 선수들은 연승을 이어갔다.

음모에 희생된 혁신기술

1 9 3 2 년 모 쉐 와 포레는 '한 시간 세계기록'에 도전
했다. 그때까지 한 시간 안에 자전거로 트랙을 가장 많
이 돈 기록은 스위스의 오스카 에그 Oscar Egg가 세운 44.247km였는
데, 이 기록은 20년간이나 깨지지 않고 있었다. 모쉐는 먼저 국제사
이클연맹에(UCI)에 서한을 보내 자신의 '반쪽 벨로카'가 기록도전
에 문제가 없는지 확답을 받고자 했고, UCI는 "공기역학적 추가부품
이 없으므로 금지할 이유는 없다"고 회신을 보내왔다. UCI에서는 자
전거경기에 공기저항을 줄이기 위한 추가부품들, 즉 '덧대는 패널'
이나 '원추형 두부' 등을 금지하고 있었다. 자전거에 공기저항을 줄
이기 위한 추가부품이 사용된 것은 아주 짧은 기간 동안이었다.
1913년에 처음 천으로 된 페어링(fairing, 원추형 앞덮개)이 등장하자
경쟁적으로 비슷한 부품들이 속속 개발되었지만, 1914년 페어링이
등장한 최초의 자전거경주에서 세계챔피언 피에트 디켄트만 Piet
Dickentman이 충돌사고로 사망하자 연맹은 페어링을 금지했다. 이후
로 자전거 디자인에서 공기저항을 줄이는 문제는 완전히 잊혀졌다.
　1933년 6월 7일, 포레의 누워 타는 자전거는 파리의 밸로드롬에
서 한 시간에 45.055km를 달려 20년간 깨지지 않았던 오스카 에그

의 기록을 경신했다. 신기록의 도전과 수립이 특히 대중의 열광적인 관심을 받던 20세기 초였다. 세계최초, 세계최고의 기록들은 당당히 신문 1면을 장식했고, 많은 신기록에는 큰 상금이 걸려 있었다. 반쯤 벨로카가 신문과 잡지의 집중적인 조명을 받게 되면서 "벨로카가 과연 자전거인가" "그 기록을 과연 인정할 수 있는가" 하는 트집들이 불거졌다. 리컴번트 자전거를 공식적으로 인정해야 한다는 의견과 대회출전을 금지시켜야 한다는 의견들이 팽팽하게 맞섰다.

대중의 관심이 워낙 뜨거웠던 터라 이 문제를 심의하기 위해 국제 사이클연맹 총회가 소집되었다. 이 회의에서 벨로카를 처음 보는 대의원들을 위해 아마추어선수가 리컴번트를 타고 좌석 사이를 돌아다니는 이벤트를 벌이기도 했다. 모두들 그 모습을 신기하게 여겼지만 의견은 팽팽하게 둘로 나뉘었다. 영국 대표는 벨로카의 안전성을 높이 평가하고 "누워 타는 디자인이 자전거의 미래에 커다란 공헌을 할 것"이라고 옹호했다. 이탈리아 대표는 "모쉐의 디자인은 자전거도 아니다"라고 폄하했다. 결국 모든 논란은 '자전거란 무엇인가'에 대해 연맹 차원에서 명확히 정의한 적이 없었기 때문이라는 문제로

벨로드롬(velodrome) 주로(走路)를 안쪽으로 경사지게 만든 싸이클전용 경기장을 말한다. 아스팔트나 목재로 포장된 벨로드롬의 타원형 주로는 트랙경주만 수용할 수 있다.

귀결되었다. 표결까지 가는 치열한 공방 끝에 58:46의 근소한 차이로 연맹은 자전거의 규격을 새삼 정의하며 "모쉐의 리컴번트는 자전거경기 출전을 영구히 할 수 없다"는 결정을 내렸다.

연맹이 새로 정의한 자전거는 BB가 최소한 지면으로부터 24cm 이상 30cm 이하의 위치에 있어야 하고, 좌석은 BB로부터 12cm 이내에 있어야 했다. 이 규정은 누가 보더라도 의도적으로 리컴번트를 배제하기 위한 것임이 분명했다. 어쨌든 이 새로운 규정에 의거, 모쉐가 만든 자전거들은 '자전거가 아닌 것'이 되고 말았다. 이후는 리컴번트와 모쉐에게 불운의 나날이었다. 인간동력 자동차인 4륜 벨로카는 눈에 띄게 사양길을 걷기 시작했다. 모쉐는 연맹의 결정에 항의했지만, 기존의 업라이트형(허리를 곧추세우고 타는 방식) 자전거업계의 로비력을 당해낼 수는 없었다. 자본주의가 발명된 이래로 예나 지금이나 과학보다는 업계의 이익이 결정력을 갖고 있었다.

이날의 결정은 미국의 자동차업계가 이전까지 주요한 대중교통수단이었던 전차들을 불태워버린 일을 연상케 한다. 전차가 사라지자 미국은 자동차의 나라가 되었지만, 한 번 잃어버린 대중교통수단은 되돌아오지 못했다. 공식경기에 리컴번트형 자전거의 출전이 금지되면서 모쉐와 그의 자전거도 잊혀졌다. 모쉐와 포레는 다시 한 시간에 50km를 주파하는 기록을 세우는 등 분투를 계속했지만 더 이상 세간의 관심을 끌지 못했다. 낙담한 모쉐는 일 년 만에 갑자기 사망하고 그의 아들이 회사를 이어받았지만, 결국 벨로카는 역사 속에 완전히 묻혀버리고 말았다.

벨로카의 후예 리컴번트는 시장자본주의의 음모로 영원히 태어나지 못할 뻔했다.

　당시 연맹에서 협소하게 규정한 자전거 규격은 리컴번트형뿐 아니라 다른 혁신적인 자전거 디자인의 출현을 아예 원천봉쇄하는 결과를 가져왔다. 이후로 자전거는 인체역학이나 공기역학의 문제를 무시한 채 기껏해야 더 가벼운 소재를 찾는 정도밖에는 눈을 돌리지 못했다.

　리컴번트 자전거를 타본 사람들이 한결같이 하는 말이 있다. 왜 이렇게 편안한 자전거가 이제야 나왔느냐는 것이다. 리컴번트 자전거는 무게중심이 아래에 있기 때문에 쓰러졌을 때 상대적으로 더 안전하다. 다리를 앞쪽으로 하고 편안히 누운 자세가 되므로 충돌사고가 있어도 머리가 아닌 다리로 충격을 받게 된다. 손목과 어깨와 허리에 무리가 가지도 않는다. 또한 억지로 고개를 곧추세워야 하는 기존의 업라이트 자전거에 비해 전방주시가 자유롭다. 무엇보다 리컴번트 자전거는 공기역학적이어서 속도가 빠르다. 그래서 초보자도 50km 정도는 가볍게 주파할 수 있다.

1930년대 초 모쉐와 포레의 벨로카는 폭발적인 인기를 끌었고 거의 모든 자전거대회에서 우승을 싹쓸이했지만 업라이트 자전거업체들의 담합에 의해 대회와 시장에서 추방당했다. 그리고 그로부터 40년 동안이나 사람들의 기억에서 완전히 잊혀져 있었다. 리컴번트 자전거의 할아버지뻘 되는 4륜 벨로카도 2륜 벨로카와 함께 잊혀졌다. 당시에 만약 벨로카가 인위적으로 사장되지만 않았다면 우리는 지금쯤 좀 더 다양한 형태의 자전거를 향유하고 있지 않을까?

질주본능을 자극하는 인간동력

 찰 스 그 린 우 드 Charles Greenwood의 비밀연구소는 오
리건 주의 산악지역 케이브정션Cave Jungtion이라는 작은
마을에 있었다. 케이브정션은 메드포드Medford 공항에서 자동차로 40
분 정도 거리에 있고, 그곳에서 산길을 따라 10km 정도 더 들어가면
산속 외진 곳에 찰스 그린우드의 목조주택과 연구실이 있다. 메드포
드 공항의 렌터카업체 직원은 "산악지대에 눈이 많이 내리고 있으므
로 시외지역으로 나가는 것은 위험하다"고 말렸지만 우리는 그 말을
무시했다.

실제로 차가 산길로 접어들자 앞을 분간하기 어려울 정도로 굵은
눈발이 쏟아지기 시작했다. 지대가 높아지면서 쌓이는 눈도 점점 더
많아져서 차는 기다시피 하며 산길을 겨우겨우 올라갔다. 밤이 깊어
지자 다른 자동차들의 통행도 사라졌다. 눈이 쌓이지 않는 저지대이
기를 빌었지만, 40분 거리를 5시간이나 걸려 도착한 케이브정션에도
눈은 무더기로 쌓여 있었다. 케이브정션에서의 촬영일정은 단 이틀
뿐, 그동안 휴먼카의 주행장면을 모두 찍으려면 날이 좋아도 모자랄
판에 눈이 쏟아지고 있으니 한심한 노릇이었다. 한적한 시골마을인
케이브정션의 우중충한 밤하늘을 보며 우리는 점점 더 참담한 심정이

되어갔다. 휴먼카는 이번 출장에서 가장 기대가 큰 아이템이었다.

다음날 아침 눈은 비로 바뀌어 있었다. 휴먼카의 발명자인 찰스 그린우드와 그의 아들 척이 모텔로 우리를 데리러 왔다. 주소만 가지고 그의 집을 찾는 것이 불가능했기 때문이다. 찰스는 매우 정중한 태도로 우리를 환영했다. 차분하고 조용한 말투를 가진 이 63세의 엔지니어는 첫눈에 보기에도 신뢰감을 주는 인상이었다.

아름다운 원시림 속으로 난 이차선도로에는 간밤에 쌓인 눈이 비에 녹아 검은색 아스팔트가 드문드문 드러나 있었다. 신뢰할 만한 노엔지니어, 그리고 양 옆으로 흰눈이 쌓인 아름다운 숲길… 이제 비만 그치면 되는 것이다. 그날 하루종일 우리는 비가 그치기를 기다리며 찰스의 연구실과 작업장에서 인터뷰 위주의 실내촬영을 했다. 하지만 비는 다음날 아침에도 계속 내렸다. 찰스는 괜스레 미안한 표정을 지었다.

"겨울에도 이렇게 쌓일 정도로 눈이 내린 것은 10년 만에 처음이에요. 원래 여기는 겨울에는 비도 거의 내리지 않고 맑은 날씨만 계속되는 곳이거든요."

둘째날 오후 한시가 되자 마침내 비가 그쳤다. 우리는 서둘러 휴먼카의 주행장면을 찍기로 했다. 차에 오르자 가장 먼저 눈에 들어온 것은 밝은호박색의 투명아크릴로 제작된 주먹만 한 크기의 그립이었다. 손에 꼭 맞는 그립은 핸들바의 양끝에 빙빙 돌아가도록 고정되어 있었다. 특이하게도 발판에 발을 대고 양손으로 그립을 밀고당길 때 좌석이 앞뒤로 미끄러져 움직일 수 있도록 디자인되어 있었다. 헬스

찰스 그린우드의 휴먼카는 천재적인 엔지니어링의 산물이다.

클럽에서 조정漕艇운동을 할 때 쓰는 로잉머신의 좌석과 흡사했는데,
이는 단순히 어깨와 양팔의 힘만이 아니라 다리와 허리, 가슴을 포함
한 온몸의 근육을 동력원으로 사용할 수 있게 해주는 방식이다.

　발을 발판에 올려놓고 그립을 잡아보았다. 인체공학적으로 설계
된 그립과 좌석은 앉아 있는 사람으로 하여금 당장 힘을 써보고 싶은
충동을 불러일으켰다. 스스로 자동차엔진의 일부가 되어 강력한 토
크를 낼 수 있다는 착각이 들었다. 마침내 다리를 쭉 펴며 그립을 당

기자 차는 가볍게 앞으로 튀어나갔다. 한 번 그립을 당길 때마다 가속도가 착착 붙는 느낌이랄까. 차는 점점 속도를 높여 총알처럼 도로 위를 질주했다. 뭐라 설명하기 어려운 쾌감이었다. 버스사이클의 유쾌함과는 질적으로 전혀 다른, 일단 한 번 맛보면 다시는 빠져나오기 힘들 것 같은 강력한 아드레날린적 본능이었다.

주행을 하는 동안 나는 내가 타고 있는 4인승 인간동력 자동차의 부품들을 찬찬히 살펴보았다. 언뜻 볼 때는 미처 보이지 않았던 세세한 부분들이 눈에 들어왔다. 앞서 설명한 그립뿐 아니라 모든 부품들에서 범상치 않은 엔지니어링의 솜씨가 돋보였다. 은색 알루미늄으로 된 기어박스, 편안한 승차감을 느끼게 하면서도 아주 작은 크기로 제작된 서스펜션 장치 등 대단한 정성과 노력이 깃들인 장인의 작품이었다. 나는 인간동력 자동차를 타본다는 것 자체가 대단한 행운이며 특권이라는 생각이 들었다.

휴먼카는 겉보기에도 자전거보다는 자동차에 더 가깝다. 정식명

토크(torque) 물체에 작용하여 물체를 회전시키는 물리량을 말하며, '돌림힘' 또는 '비틀림모멘트'라고도 한다. 예를 들어 우리가 그네를 타고 위로 치솟았다가 다시 힘차게 내려가려고 할 때 본능적으로 몸의 무게중심을 아래로 향하게 하는 것도 토크를 크게 하기 위한 것이다. 토크는 대개 자동차의 힘을 표시할 때 마력과 함께 쓰인다. 마력이 '엔진이 할 수 있는 일의 양'을 의미한다면, 토크는 '엔진의 힘' 그 자체를 의미한다. 토크(N·m)에 회전수(rpm)을 곱하면 마력(HP)이 산출된다. 토크의 단위로는 뉴턴미터(N·m) 이외에 kgf·m(킬로그램중미터)를 사용하기도 한다.

칭도 '4인승 인간동력 전기하이브리드 경승용차(4 passenger human power electric hybrid low mass vehicle)'다. 하지만 내가 보기에 휴먼카는 인간동력을 주동력원으로 한다는 점에서 자전거로 분류되어야 마땅하다.

이날 촬영에 사용된 모델은 '인간동력 자동차 FM4', 양산에 앞서 인간동력의 효율을 실험하기 위해 만든 테스트 모델이다. 시판용에 들어갈 모터와 배터리는 빠진 상태에서 순전히 사람의 힘만으로 작동한다. 도로에 나온 FM4는 비전문가가 보기에도 매우 가벼워 보였다. 인간동력 자동차를 설계하는 데 있어 무게는 동력전달의 효율과 함께 가장 중요한 문제다.

"특히 무게를 좌우하는 동체를 어떤 재질로 하느냐가 곧 소비자가 지불해야 하는 가격을 결정하기 때문에 많이 고심을 했어요. 보잉 777이나 에어버스360에 들어가는 티타늄과 탄소섬유를 사용하면 아주 가볍게 만들 수 있지요. 하지만 가격이 지나치게 올라가기 때문에 채택하지 않았습니다. 첫번째 양산모델에는 보잉747 수준의 알루미늄합금이 사용될 예정이에요."

2008년 4월 출시예정인 첫 제품의 소비자가는 1만5,000 달러, 10만 달러가 넘는 자전거도 심심찮게 팔리는 세상이니 그 정도 가격이라면 초기수요를 위한 모델로는 적당해 보였다.

"향후에는 동체를 재활용 플라스틱으로 바꾸어갈 예정입니다. 제가 목표로 하는 소비자가는 최종적으로 600달러 안쪽이에요. 그때는 말 그대로 '휴먼카'를 찍어내게 될 겁니다. 에너지관리당국이나

시민사회단체로부터 어느 정도 지원만 받으면 거의 공짜로 사람들에
휴먼카를 나누어줄 수도 있겠지요. 이것이 우리의 최종목표입니다."

찰스의 아들 척이 설명했다. 그는 아버지를 도와 휴먼카의 홍보와
마케팅을 담당하고 있다고 했다.

발묶인 비만

찰 스 그 린 우 드 가 인간동력 자동차에 관한 아이디어를 처음 떠올린 것은 30년 전인 1969년이었다. 당시 찰스는 실리콘밸리의 촉망받는 엔지니어였다. 그가 다니던 회사는 공학용 전자계산기를 개발해서 판매하고 있었는데, 덧셈·뺄셈의 4칙연산 정도를 처리하는 수준이었던 당시의 전자계산기 시장에서 그는 동료 엔지니어들과 함께 몇 달러의 추가비용으로 제곱근과 삼각함수까지 계산할 수 있는 공학용 계산기를 만들었다. 그는 이 계산기의 매출에 따라 일정한 인센티브를 지급받기로 되어 있었는데, 이 공학용 계산기가 공전의 히트를 치면서 20대의 나이에 두둑한 부자가 될 수 있었다. 이 돈은 나중에 휴먼카를 개발하는 데 요긴하게 사용된다.

그가 다니던 회사는 한 달에 한 번씩 엔지니어들이 함께 모여 어떤 것이든 참신한 아이디어를 내놓도록 독려하고 있었다. 그 모임을 통해 엔지니어들은 색상을 인식하는 기계장치를 비롯해 많은 혁신적인 제품들을 개발할 수 있었다고 한다. 어느날 퇴근길의 차 안에서 찰스는 모임에 내놓을 아이디어에 대해 고민하고 있었다. 샌프란시스코와 실리콘밸리를 잇는 간선도로는 이미 자동차로 빼곡하게 들어차 있었고, 차들의 흐름은 이내 멈춰버렸다. 당시 미국에서는 교통체증으로 차가 공회전하는 데만 매일 30~40억 갤런의 휘발유가 낭비되고 있었다.

"그때 그런 생각이 들었어요. 매연과 낭비를 피하려면, 이럴 때는 차라리 엔진을 끄고 사람의 힘으로만 차를 갈 수 있게 만들면 좋지 않을까? 어차피 체증 상황이라면 차들이 아주 천천히 움직이니까 얼마든지 가능할 것 같았습니다. 차의 흐름이 멈춰버리니 주변에 서 있던 차들의 운전자들도 눈에 들어왔습니다. 공교롭게도 모두들 병적으로 뚱뚱하더군요. 하나같이 불쑥 튀어나온 맥주배에 축 늘어진 목살 하며… 심장병과 당뇨로 곧 죽을 것만 같은 사람들이 공회전하는 차 안에 갇혀 우두커니 앉아 있었습니다. 제게 그 광경은 비이성과 아이러니의 극치였습니다."

그러나 인간동력으로도 움직일 수 있는 차를 만들어보자는 그의 아이디어는 엔지니어들의 모임에서 별 호응을 얻지 못했다. 그는 재차 회사에 인간동력 자동차의 개발에 관한 제안서를 제출했지만 끝내 거절당했다. 1970년대의 미국에서 석유자원을 아끼고 공해를 줄이자는 걱정을 하는 사람은 없었다. 결국 그는 회사의 지원 없이 스스로 인간동력 자동차 프로젝트를 시작하기로 결심했다.

가장 먼저 그는 자전거의 단점들을 목록화했다. 자전거의 약점을 보완해나가다보면 자연스럽게 인간동력 자동차의 디자인 목표가 구체화될 것이라는 생각이었다. 비오면 탈 수 없다, 많은 짐을 싣지 못한다, 넘어질 위험성이 있다, 오래 타면 엉덩이와 팔목과 고개가 아프

온몸의 근육을 효과적으로 사용하면 인체도 마력에 필적하는 힘을 낼 수 있다.

다, 바짓단을 더럽힐 수 있다, 다리운동만 될 뿐 상체운동은 되지 않는다 등등등… 자전거의 단점은 의뢰로 많았고, 자전거가 보조운송수단이나 레저기구에 머물 수밖에 없는 이유도 분명해지는 듯했다.

목표가 어느 정도 분명해지자 그는 회사에 사표를 내고 세 살배기 아들 척을 비롯한 가족들을 모두 데리고 오리건 주의 산골마을로 이사했다. 이곳에 작은 연구실을 차리고 인간동력 자동차 프로젝트를 본격적으로 진행할 생각이었다. 물론 그의 이러한 모험에는 전자계산기의 로열티가 큰 힘이 되었고, 전자계산기의 인기가 시들해질 무렵부터는 부업으로 트리하우스treehouse를 설계하는 일을 시작했다.

트리하우스는 살아 있는 나무 위에 별장이나 주택을 짓는 것인데, 아이들의 놀이용이나 단순한 레저용이 아니라 한두 그루의 나무 위에 5인 가족이 거주하는 집을 안정적으로 짓기 위해서는 구조역학과 스트레스 분석프로그램 등의 전문지식이 필요하다. 트리하우스는 인간동력 자동차 프로젝트를 지탱하기 위한 자금은 물론 인간동력 자동차의 섀시를 설계하는 데 필수적인 구조역학적 지식경험을 제공해주었다고 한다. 트리하우스와 인간동력 자동차는 가볍되 튼튼해야 하고 쉴새없이 흔들린다는 공통점이 있다.

연구실이 완성되자 찰스는 본격적으로 동력전달장치의 개발에 착수했다. 동력전달장치는 인간동력 자동차의 처음이자 끝이다. 일단 페달은 배제하기로 했다. 다리뿐 아니라 상체를 포함한 인체의 모든 근육을 쓰도록 하는 것이 목표 중의 하나였기 때문이다. 페달보다 훨씬 많은 에너지를 끌어낼 수 있어야 하지만 관절이 아프거나 엉덩이가 아파서도 안되었다. 숙고 끝에 내린 결론은 로잉(rowing, 노젓기)이었다.

찰스와 척 부자는 우리에게 휴먼카의 로잉 방식이 낼 수 있는 출력의 최고치가 얼마나 되는지 직접 보여주었다. 휴먼카의 바퀴 한 쪽을 다이나모 위에 올려놓고 로잉을 시작했을 때 발생되는 전기량을 마력으로 환산해본 것이다. 먼저 찰스가 혼자 휴먼카에 올라 그립을 잡고 로잉을 시작하자 바퀴가 맹렬하게 회전하기 시작했다. 놀랍게도 63세인 그가 낸 순간최대출력은 무려 1.1마력이나 되었다. 자전거의 다이나모 테스트 결과가 일반적으로 0.2마력 정도인 것을 감안하면 놀라운 수치였다.

"몸의 모든 근육을 사용하기 때문입니다. 휴먼카는 이두박근, 흉근, 복근, 종아리근육, 허벅지근육 등 인간의 거의 모든 근육을 사용합니다. 역도의 용상(clean and jerk) 동작을 전방을 향해 앉은 채로 하는 것과 같습니다."

네 사람이 모두 휴먼카에 타고 낼 수 있는 순간최대출력은 평균 2마력 정도, 한 사람이 0.5마력의 힘을 어렵지 않게 낼 수 있다고 한다. 휴먼카에 있어 순간최대출력이 중요한 이유는 교차로를 빠르게 통과하거나 장애물을 피해 좌측차선에서 자동차와 같은 속도로 달리는 등 실제 교통상황에서 안전상 빠른 스피드가 요구되는 경우가 많기 때문이다.

찰스와 척 부자는 그동안 1,000명 이상의 사람들을 케이브정션의 연구소까지 초대하여 FM4로 낼 수 있는 힘의 평균치를 구했다고 한다. 도시에서 관광버스를 타고 찾아온 사람들이 차례로 짝을 지어 다이나모 위에 올려진 FM4를 구동시켰고, 찰스는 그 데이터를 모아서

다이나모미터(dynamometer) 회전력의 동력적 측정 및 테스트를 수행하는 시험설비를 통칭하여 다이나모미터라고 하는데, 자동차엔진의 출력을 측정하는 데 가장 흔히 사용된다. 줄여서 그냥 '다이나모'라고 부르기도 한다. 다이나모미터 위에 자동차바퀴를 올려놓고 가속페달을 밟으면 토크, 마력 등의 출력량이 수치와 그래프 형태로 산출된다. 자전거 바퀴에 부착하여 주행중 자전거의 성능을 모니터링할 수 있도록 해주는 간단한 형태의 다이나모도 있다.

양산용 휴먼카에 필요한 보조전기모터의 요구출력을 계산했다. 결론은 애초의 예상보다 훨씬 작은 출력의 모터로도 충분하다는 것이었다.

휴먼카의 두번째 특징은 바디스티어링body steering이다. 휴먼카에 타면 그립을 잡은 두 손이 동력을 발생시키는 왕복운동을 하게 되므로 일반 자동차나 자전거처럼 핸들링을 할 수 없다. 따라서 휴먼카는 몸을 좌우로 기울여 앞바퀴를 제어하는 시스템을 채택했다. 내가 직접 타본 바로는 휴먼카의 바디스티어링이 꽤 정교할 뿐 아니라 직관적이어서 쉽게 익숙해질 수 있었다. 스키나 스노우보드를 탈 때와 마찬가지라고나 할까.

"사실 너무 재미있고 느낌이 좋아서 타고난 것처럼 금세 익숙해지더라구요. 언덕을 내려갈 때는 터보카보다 빨랐습니다. 중심을 아주 잘 잡아주고 완벽하게 콘트롤되는 멋진 차였어요."

척은 부친과 함께 휴먼카를 처음 타보았을 때의 흥분감을 아직도 잊지 못하고 있었다. 아닌 게 아니라 온몸의 근육을 사용하는 독특한 추진방식과 직관적인 바디스티어링, 그리고 실용적인 속도와 재미는 자동차 소비자들을 끌어들이기에도 충분한 매력인 듯했다.

"도로에 나서면 굉장히 흥분되고 상쾌해요. 살아 있음을 느끼게 해주고 온몸에서 힘이 솟는 것을 느끼게 해줍니다. 하루종일 탈 수도 있을 것 같은 느낌이랄까, 그게 휴먼카의 마인드인 것 같아요."

심장으로 모는 자동차

취재를 마칠 무렵 찰스는 새삼스럽게 휴먼카의 좌석에 앉아 그립을 앞으로 당겨 보이며 내게 물었다.

"이게 어떤 동작으로 보입니까?"

"끌어안는 동작 같군요."

"몸의 어느 부분을 향해 끌어당기고 있죠?"

나는 순간 코끝이 찡해짐을 느꼈다. 노엔지니어가 말하려고 하는 바를 알 것 같았다.

예전에 나는 취재차 심장에 관한 자료조사를 한 적이 있다. 심장의 '생명본원적 지능'에 관한 다큐를 준비할 때였다. 심장세포의 60%가 근육이 아닌 신경세포라는 사실, 심장이 '사랑의 호르몬'인 옥시토신을 분비한다는 사실, 심박동의 변이가 대뇌에 명령을 내리고 신기하게도 대뇌가 이를 따른다는 사실 등을 근거로 나는 "마음이란 머리가 아닌 심장에 있다"는 이야기를 할 참이었다. 하지만 오랜 자료조사에도 불구하고 이 다큐멘터리는 여러 가지 제작상의 난점 때문에 시작도 할 수 없었다.

찰스는 처음부터 의도적으로 핸들바를 심장쪽으로 끌어당기는 동작을 디자인했다. 모델은 요가의 '아사나'였다. 대개 휴먼카의 네 좌

네 사람의 심장이 하나로 싱크되면 평지에서도 90km/hr라는 쾌속이 만들어진다.

석에는 서로 가까운 사람들이 타게 될 것이다. 아빠와 엄마, 그리고
두 자녀가 가장 일반적인 구성원일 될 가능성이 높다. 가족이 아니라
면 연인과 친구, 동료와 상사 등 어쨌든 서로 가까운 사람들이 팀을
이루어 휴먼카에 타게 될 것이다. 그리고 마치 4기통엔진의 폭발순
서를 따르듯 네 사람이 일정한 리듬에 맞추어 자신의 심장 쪽으로 끌
어안는 동작을 반복하게 될 것이다. 그러다보면 사람들의 심장 리듬
도 함께 링크업되기 시작할 것이다. 사람들의 심장은 곧 기쁨과 일치
감으로 충만해질 것이다. 마침내 사랑은 한결 깊어지고 팀웍은 훨씬
공고해질 것이다.

  1990년 독일의 심리학자 마이클 미어텍Michael Myrtek은 실험참가자

들로 하여금 심장박동을 측정하는 센서와 이를 기록하는 소형컴퓨터를 몸에 지니게 한 채 일상생활에 임하도록 했다. 목적은 심장의 리듬이 가장 불규칙하게 흐른 시점에 참가자들이 무엇을 하고 있었는지를 알아보려는 것이었다. 놀랍게도 참가자들이 가장 불규칙한 심장박동을 보인 시점은, 즉 심장이 스트레스를 가장 많이 느끼는 순간은 자동차를 운전할 때였다. 상사에게 꾸지람을 듣거나 업무상 어려운 미팅을 하고 있을 때보다 퇴근 후 집으로 가는 자동차를 운전하고 있을 때 사람들의 심장은 가장 괴로워했다.('Heart and Emotion', Michael Myrtek, 2004, Hogrefe & Huber)

심장의 리듬, 즉 심장박동변이율은 혈압을 통해 대뇌에 전달된다.

아사나(Asana) 음양의 원리에 기초를 둔 하타요가의 한 갈래로, 바른 자세를 통하여 신체의 막힌 기로(氣路)를 뚫어주는 여러 가지 동작과 수행법을 포함하지만 어의만으로는 '좌법(座法, 바른자세)'을 뜻한다. 한국에 현대요가가 전파될 때 가장 먼저 들어왔기 때문에 한국에서는 흔히 '요가'와 동의어로 통용되기도 한다.

옥시토신(oxytocin) 여성의 출산과 젖의 분비에 직접적으로 간여하는 호르몬으로 주로 뇌하수체 후엽에서 분비된다. 산부인과에서는 분만촉진용 주사제로 사용하지만, 신경생리학 분야에서는 사람에 대한 호감을 증진시키는 효과에 더 많은 관심을 가지고 있다. 실제로 임신과 상관없이 평상시에 분비되는 옥시토신은 모성애와 친밀감, 유대감과 신뢰감 등을 느끼게 해주기 때문에 '사랑의 묘약'이라는 별칭을 얻게 되었다.

심장이 스트레스를 받아 불규칙한 리듬으로 박동하면 대뇌는 화를 내거나 우울해지기 쉽다. 반대로 심장이 규칙적인 리듬을 회복하면 기분도 차분해진다. 심장박동변이율은 간단히 측정할 수도 있는데, 예컨대 모토롤라, LG필립스LCD 등 몇몇 대기업에서는 직원들에게 노트북의 USB에 연결하여 사용할 수 있는 심박동센서와 심박동을 그래픽이미지로 보여주는 컴퓨터 프로그램을 지급하여 업무중에 사용할 수 있도록 하고 있다. 직원들은 USB에 연결된 센서를 손가락 끝에 끼우는 것만으로도 자신이 화가 나 있는지 평정심인지를 확인할 수 있다. 어떤 회사는 심박동변이율이 안정상태를 유지하고 있는 경우에만 업무상 중요한 판단을 하도록 권장하고 있다.

20년간 심장박동변이율을 연구해온 미국 '하트매스 연구소Heart-Math Institude'의 롤린 맥크래티Rollin McCraty는 이렇게 말한다.

"심장은 대뇌의 판단과는 관계없이 본능적으로 싫은 것과 좋은 것을 구별하는 것 같다."

어느 사회에서나 자동차 이용률이 증가하면 그만큼 심장질환도 증가하는 경향이 있다. 그것은 알려진 대로 운동부족 때문만은 아닐지도 모른다. 만약 그렇다면 찰스와 척 부자의 휴먼카는 단순한 대안 교통수단이 아니다.

"내연기관 자동차가 폭력의 문화를 양산해왔다면, 휴먼카는 그것을 치유할 목적으로 탄생되었다."

이렇게 말한다면 과장일까?

휴먼카의 매력은 대단하지만, 물론 휴먼카가 분명 '만인을 위한 차'는 아니다. 이 차를 실제로 구입해서 타고 다닐 사람들은 과연 얼마나 될까?

"저는 사람들이 각자의 삶을 사는 방식을 존중합니다. 분명히 휴먼카는 모든 사람을 위한 것은 아닙니다. 그러나 우리가 조사한 바에 따르면, 약 2억 명의 미국인들이 도로제한속도가 시속 60km 이하인 편평한 땅에서 살고 있습니다. 엄청난 수의 잠재적인 고객 아닙니까?"

이어서 그는 휴먼카의 잠재적 파급력에 대해서도 언급했다.

"FM4를'도시로 가져가면 순식간에 구경꾼들이 모여들곤 합니다. 우리가 아무런 설명을 안 해줘도 사람들은 휴먼카의 개념을 금세 알아채지요. 석유를 위해 전쟁을 할 필요도 없고, 하늘을 오염시키지도 않고, 그리고 다시 건강해질 수도 있습니다. 사람들은 잘 알고 있습니다."

오늘도 많은 미국인들이 차를 타고 헬스클럽에 가서 땀흘리며 운동을 한 후 다시 차를 타고 집으로 돌아간다. 만약 휴먼카의 TV CF를 만들게 된다면 카피는 이렇게 되지 않을까?

"어이, 잠깐만요! 이제부터는 출근하면서 운동해보지 않으실래요?"

휴먼카의 개념은 이처럼 단순하지만 석유문화의 폐해를 정면으로 반박하는 통렬함을 내포하고 있다. 찰스는 '값싼 석유'가 우리에게 남긴 것이 지구온난화 문제만은 아니라고 말한다.

"더욱 심각한 것은 게으름이 생활화되고 있다는 점이에요. 몸이 게으르면 정신도 게을러집니다. 휴먼카가 인류를 게으름으로부터 구원해줄 겁니다. 인간동력은 우리에게 영감을 줍니다. 게을러지지 않도록."

휴먼카의 밑그림이 나온 지 벌써 30년이다. 30년 전에는 귀신 씨나락 까먹는 소리로 들렸겠지만, 마침내 휴먼카를 세상에 내놓을 적절한 시점이 도래했다. 한 달 후인 '지구의 날'에 휴먼카가 출시될 예정이다. 예약판매만 벌써 60여 대에 이른다고 한다.

휴먼카 홈페이지의 접속자수는 국제유가가 올랐다는 뉴스가 나올 때마다 두 배씩 증가하고 있다.

6

자유를 향한
인류의 라이딩

인력이동은 길옆 화단의 꽃 한 송이를 볼 수 있게 해준다. 인력이동은
이웃들과의 유대감을 높여주고 사람들을 보다 공동체적으로 만들어준
다. 차창으로 가로막힌 운전석 안에서는 결코 느낄 수 없는 것들이다.

HUMAN POWER

속도에 관한 오해와 진실

직립보행을 시작한 이래로 인류는 곧게 선 척추로 머리를 받치게 됨에 따라 대뇌가 커지는 진화상의 이득을 취해왔다. 그 외에도 중력을 적절히 이용한 '무게추 보행'이라는 이동에너지 상의 효율을 얻을 수 있었다. 직립보행이 갖는 이동효율은 인류를 아프리카의 초원에서 남미에 이르기까지 지구상에서 가장 넓은 지역에 분포한 우점종으로 만들어주었다. 그리고 19세기에 발명된 자전거는 인력이동에 날개를 달아주었다.

열역학적인 관점에서 자전거는 인류가 보유한 가장 효율적인 운송수단이다. 아래의 글은 이반 일리히 Ivan Illich의 『행복은 자전거를 타고 온다』에서 인용한 것이다. 운송수단의 측면에서 에너지사용량의 증가가 인류의 불평등을 심화시키고 있음을 직관적으로 서술한 이 책의 한 대목에서 일리히는 자전거의 효율성을 과학적 데이터를 사용하여 웅변적으로 설파하고 있다.

인간은 본래 도구의 도움을 조금도 빌리지 않고 상당히 능률적으로 움직일 수 있다. 인간은 자기 체중의 1그램 분을 10분 사이에 1킬로미터 운반하는 데에 0.75칼로리를 소모한다. 열역학적으로 본다면 인간이 걷는 것은 자동화된 어떤 이동수단이나 말을 제외한 대부분의 동물보다 효율이 높다. 인간은 이렇게 뛰어난 효율로 세계에 정착하고 역사를 만들었다. 농민이나 유목민이 집 밖이나 야영지 밖에서 이러한 효율로 이동하면 그것에 소비되는 시간은 각각 사회의 시간예산 가운데 5%이하 또는 8%이하가 될 것이다. 자전거를 탄 인간은 보행자보다 3-4배 빨리 이동할 수 있으나 그럴 경우에 소비하는 에너지는 보행자의 1/5로 충분하다. 자전거를 타면 자기 체중의 1그램 분을 평탄한 도로에서 1킬로미터 운반하는 데 겨우 0.15 칼로리 밖에 소모하지 않는다. 자전거는 인간의 신진대사 에너지를 이동력의 한도에 정확히 맞춘 균형잡힌 이상적인 변환기이다. 이 도구를 사용하면 인간은 모든 기계의 효율만이 아니라 다른 모든 동물의 능력을 능가하게 된다.

(중략)

자전거는 열역학적으로 효율이 높을 뿐 아니라 가격이 저렴하기도 하다. 중국인의 급료는 훨씬 낮으나 그들이 튼튼한 자전거를 손에 넣기 위해서는 미국인이 폐물이 다 된 자동차를 사기 위하여 소비하는 노동시간의 극히 일부를 바치면 충분하다. 자전거 교통의 편리를 도모하기 위해 필요한 공공설비의 비용과 고속에 맞추어 설계된 시설의 값을 비교하면 후자에 대한 전자의 비율은 이 두 가지 교통체제에 사용되는 수송수단의 가격 비율보다 작다. 4만 명의 사람을 1시간 이내에 다리를 건널 수 있도록 하기 위해서 현대의 전차를 사용하면 일정폭의 노선 세 개가 필요하고 버스를 사용하면 네 개,

자가용 자동차라면 열두 개가 필요하나 자전거로 가면 단 두 개로 끝난다. 자전거는 부족한 공간이나 에너지 시간을 그 정도 대량으로 빼앗지 않고 상당한 속도로 이동시킨다. 항상 자전거를 타는 사람들이 자동차를 타는 사람들보다 1마일 당 소비하는 시간은 더욱 적으나 그 연간 이동거리는 더욱 길다. 그들은 타인의 시간이나 에너지 또는 공간을 부당하게 요구하지 않으면서 기술적 약진의 은혜를 입을 수 있다. 그들은 자신의 생각대로 이동할 수 있으나 타인의 이동을 방해하지 않는다. 교통은 빠르면 빠를수록 좋다고 주장되지만 그것은 결코 입증될 수 있는 것이 아니다. 속도의 증대를 기도하는 사람들은 그것을 위한 비용의 지불을 사람들에게 요구하기 전에 그 요구의 근거를 증명하도록 노력하여야 한다.

일리히의 관점에 따르면, 이동속도의 향상이 항상 삶의 질을 높이는 것은 아니다. 우리는 자동차가 만드는 속도가 잉여시간을 만들어 낸다고 믿는다. 그러나 일리히는 자동차가 결코 잉여시간을 만들어 내지 못하고 있으며, 정작 속도를 위해 치러야 하는 모든 사회적 비용을 고려하면 자동차와 비행기는 인류를 더욱 불행하게 만들고 있을 뿐이라고 주장한다. 속도가 불평등을 낳았다는 주장에는 선뜻 동의하기 어렵지만, 인간동력에 관한 다큐멘터리를 연출하면서 나는 인력이동의 효율성에 주목한 일리히의 지혜에는 우리 모두가 귀를 기울일 필요가 있다고 생각하게 되었다. 자동차교통의 이면에 숨겨진 막대한 사회적 비용, 그리고 그 자동차문화가 에너지수급의 문제로 인해 더 이상 지속될 수 없다는 엄정한 현실을 고려해보자. 태고 이래로 100년 전까지 그랬던 것처럼, 수송용 에너지 분야에서 인간 동력이 다시 그 근간을 이루게 될 것이라는 전망을 하는 것은 그리 어렵지 않다.

차에 속고 돈에 울고

우리는 중학교 지리시간에 자동차교통이 전국을 일 일생활권으로 묶어주었을 뿐더러 뛰어난 문전연결성으로 삶의 질을 획기적으로 개선했다고 배웠다. 이 말은 당시의 지리교과서가 쓰여진 1980년대 초까지는 잘 들어맞았다. 그러나 지금 한국을 포함한 대부분의 국가에서 자동차교통의 한계효용은 더 이상 증가하고 있지 않다. 아무리 도로를 증설해도 속도는 더 이상 향상되지 않는다. 도로증설은 곧 더 많은 자동차를 끌어들이기 때문이다. 서울의 경우 강북 강변도로의 정체를 해결하기 위해 88도로를 건설했지만 서울 도심의 동서간 교통정체 문제는 해결되지 않았다. 중부고속도로 건설 이후에도 경부고속도로의 상황은 달라지지 않았다.

세상에서 가장 한심한 일이 '정체된 도로에서 시간을 보내는 것'이라는 말에 동의하지 않을 사람은 없을 것이다. 나와 같은 부서에서 근무하는 김PD는 경기도 남양주에서 목동까지 1시간 30분을 운전해서 출근하는 장거리 출근족이었다. 김PD는 자동차 안에서 보내는 하루 3시간을 유용하게 사용하기 위해 갖은 애를 다 써보았다. 카세트로 영어회화를 공부해보기도 했지만 별로 실효성이 없어서 그만두고, 오디오북을 들었더니 책 내용에 집중하다가 몇 번인가 사고를 낼

뻔했다. 결국 김PD는 운전을 할 때는 운전에만 집중해야 한다는 진리를 절감한 채 자동차 통근을 포기하고 대중교통을 이용하기로 했다. 요즘 김PD는 전철에서 하루 3시간씩 독서를 한다. 그는 이 시간이 여러모로 유용하다며 흡족해 한다. 대개 전철에서는 독서와 수면 두 가지밖에 못하는데, 이 두 가지가 자신에게는 절대로 필요한 것이라는 얘기였다.

김PD는 자동차를 포기함으로써 죽은 시간을 되살려 쓸 수 있게 되었다. 자동차를 이용하면 시간을 절약할 수 있다는 믿음은 여로 모로 잘못된 것이다. 장거리여행의 경우 자동차의 속도는 항공과 철도에 밀려 3위에 지나지 않는다. 경부고속도로가 완공된 후에도 서울-부산을 왕복할 수 있는 가장 빠른 지상교통수단은 철도였으며, 고속철까지 등장하게 되자 자동차는 철도의 속도를 영영 넘보지 못하게 될 전망이다.

사실 단거리이동에서도 자동차의 속도는 한심하다. 도심 내에서 2km 이하의 이동이라면 오토바이를 제외하면 자전거가 그 어떤 이동수단보다 빠르다. 혼잡한 시간대의 도심에서 장거리이동이라면 전철이 가장 빠르다. 게다가 오너드라이버들은 주차장을 찾고, 고장난 차를 수리하고, 세차를 하기 위해 수많은 추가시간을 할애해야 한다. 그래서 이반 일리히는 평균적인 미국인 남성이 자동차를 사용하면서 절약한 시간보다 오히려 더 많은 시간을 자동차를 유지하는 데 투입하고 있다고 지적한다. 또한 자동차가 신분과 지위을 상징하는 문화적 소비재가 됨에 따라 사람들은 자동차에 점점 더 많은 비용을 지불하고 있는 추세다.

계산기와 영수증더미를 식탁 위에 늘어놓고 앉아 내가 자동차에 지출하고 있는 비용을 꼼꼼히 따져본 적이 있다. 가장 많은 돈이 들어가는 부분은 역시 연료비로 월평균 28만 원이나 쓰고 있었다. 유가가 계속 상승한다면 연료비는 점점 커질 것이다. 4년 전 구입한 현재의 2천cc급 승용차를 6년간 더 탄다고 계산하고 월비용으로 나누니 자동차 구입비용은 월14만 원이 되었다. 그 외에는 보험료, 주차비, 소모품, 수리비, 고속도로 통행료, 대리운전비 등의 순이었다. 이 모든 비용을 합산해보니 내가 자동차에 지출하는 비용이 한 달에 약 64만 원이었다. 64만 원은 결코 작은 돈이 아니다. 순전히 담보대출만으로 주택을 구입하고 매달 64만 원의 이자를 낸다고 작정하면 1억2,000만 원짜리 아파트를 살 수 있다. 이 아파트를 월세로 임대하면 보증금을 제하고도 월 30만 원 정도의 수입을 낼 수 있다. 이 아파트를 평생 보유한다고 가정하면 부동산가격 상승분만 고려하더라도 어느 정도 안락한 노후를 예상할 수 있다.

한국의 중산층 가정은 월평균 70만 원의 돈을 자동차에 지출하고 있다고 한다. 월 70만 원을 연 8%의 복리로 적금을 넣으면 20년 후에는 무려 4억 원이 된다. 물론 자동차가 없더라도 교통비는 든다. 하지만 인력이동 비용은 자동차 유지비에 비하면 무시해도 될 정도로 미미한 수준이다. 자전거를 주로 사용하면서 가끔씩 대중교통을 이용하면 월 3만 원 이하의 비용으로도 충분하다.

우리가 자동차 때문에 치러야 할 비용은 월 70만 원의 '직접비'이외에도 더 있다. 무엇보다 우리가 막대한 비용을 부담하고 있는 것은 도로다. 공공재 내지 사회간접자본이라는 이름으로 건설되는 전국적인 도로망은 결코 공짜가 아니다. 우리는 세금으로 이 비용을 꼬박꼬박 지불하고 있다. 주차공간을 확보하는 데에도 막대한 부동산비용이 소요된다. 할인마트는 주차장을 무료로 제공하는 대신 그 비용을 물건값에 포함시킨다. 식당들도 마찬가지다. 우리가 자주 들르는 냉면집이나 중국집들만 보더라도 무료주차장을 제공하는 식당들은 주차장이 없는 집들에 비해 메뉴당 1,000원 정도 더 비싸게 받고 있다. 의료비도 무시할 수 없다. 자동차 매연은 호흡기 질환부터 아토피에 이르기까지 광범위한 건강상의 문제를 일으키고 있다. 이런 간접비용까지 모두 고려해보면 "자동차로 인해 국민들의 등골이 휘고 있다"고 해도 과언이 아닐 것이다.

사적 영역과 공적 영역의 위험한 동거

1988년 미국 플로리다에서 자신의 차 앞쪽으로 끼어들었다는 이유로 여성운전자를 권총으로 쏜 한 남자의 사례가 보도되었다. 신문은 이를 '노상격분Road Rage' 이라고 표현했는데, 이때부터 노상격분이란 용어가 전 세계 언론에 심심찮게 등장하기 시작했다. 노상격분이란 '운전 중 극단적인 분노를 이기지 못해 공격적인 행위를 하는 것' 으로 정의될 수 있다. 아닌 게 아니라 평소에는 얌전한 사람도 운전석에 앉기만 하면 거친 욕설을 내뱉고 화를 벌컥벌컥 내는 경우를 우리 주변에서도 흔히 볼 수 있다.

나 또한 한때는 노상격분을 자주 일으키는 운전자였다. 다른 운전자에게 내 차가 위협을 받았다고 느끼는 경우에는 어김없이 욕설이 튀어나왔다. 혼자 운전할 때보다 아이를 태우고 있을 때 그런 경우를 당하면 더 심하게 화를 내곤 했다. 아이는 아빠가 갑자기 헐크가 되어버리는 모습을 보고 파랗게 질려 울곤 했다. 그럴 때마다 다시는 그러지 말아야겠다고 결심하지만 잘 고쳐지지는 않았다.

노상격분이 위험한 것은 도로 위의 모든 운전자들이 매우 위험한 중화기로 무장하고 있기 때문이다. 바로 자동차다. 자동차는 목표차량 뒤꽁무니에 바짝 붙이기, 목표차량 앞에서 급브레이크 밟기, 갑자기 끼어들기 등 얼마든지 난폭한 무기로 사용될 수 있다. 다행히 사고로 이어지지 않더라도 언쟁과 주먹다짐으로 발전하는 일은 흔하다.

노상격분의 심리적 기제로 흔히 '세력권 의식'이 거론되곤 한다. 모든 동물은 방어메커니즘의 일종으로 자기만의 세력권을 가지고 있는데, 그 세력권에 들어오는 타자는 무조건 잠재적 침입자로 간주하게 된다는 것이다. 심리학자들의 견해에 따르면 운전자의 세력권은 자동차 내부에서 '외부의 회피가능한 안전상의 공간'으로까지 확대되며, 만약 그 공간에 다른 차가 들어오면 공격당한 것으로 느끼게 된다는 것이다. 긴 통근거리, 심한 교통혼잡, 시끄러운 소음도 노상격분의 원인으로 곧잘 지적된다.

노상격분에 관한 가장 설득력 있는 설명은 자동차가 사적 공간과 공적 공간에 걸쳐져 있다는 것이다. 사적 공간에서는 자신의 기준에 따라 마음대로 행동해도 되지만, 공적 공간에서는 사회규범에 의해 행동이 통제된다. 따라서 차를 몰 때는 여간해서 타인들에게 예의를 갖추기 어렵다. 다른 사람들과 직접적으로 소통할 수 없는 사적 공간에 있기 때문이다. 하지만 자동차는 명백히 도로라는 공적 공간에 있다. 차는 공적 공간에 있고, 운전자는 사적 공간에 있다는 자동차의 모순적 특성 때문에 얌전하던 운전자는 언제라도 공격적으로 돌변할 수 있다. 자동차문화 비평가 케이티 앨버드Katie Alvord는 저서 『당신의 차와 이혼하라』에 이렇게 적고 있다.

"운전은 우리 내면의 공격성을 이끌어낸다. 우리의 자극과 반응을 고조시켜 억제된 감정을 격발함으로써 우리로 하여금 언제든 난폭운전과 노상격분을 자행하게 하는 것이다."

운전을 할 때 심장 스트레스가 가장 심하다는 마이클 미어텍의 연구결과는 "심장병 발생률이 높은 사회는 자동차 중심사회다"라는 말로도 바꿀 수 있을 것이다. 그렇다면 최근 우리나라에서 북미와 유사한 패턴으로 심장병이 급속히 증가하기 시작한 것은, 자동차가 필수 운동량을 앗아갔기 때문이 아니라 자동차가 심장을 괴롭혔기 때문이라고 생각할 수도 있지 않을까?.

자전거로 출퇴근을 하면서 내가 얻게 된 운동량은 그다지 크지 않다. 자전거로 소모하는 에너지는 보행의 1/5에 불과하므로, 내가 매일 자전거 출퇴근으로 소모하는 칼로리는 8분간 걷는 정도에 불과하다. 하지만 자전거를 타게 되면 비용절감과 운동효과 외에도 심리적 소득을 얻게 된다. 그것은 가슴 깊은 곳에서 느껴지는 평화다. 누구를 다치게 할까봐, 또는 내가 다칠까봐 긴장할 필요가 없다는 점에서 오는 안도감이라고나 할까. 마치 전쟁이 끝나 무거운 총을 내려놓고 고향으로 돌아가는 퇴역군인의 마음가짐 같은 것이었다.

석유고갈 이후 전기차나 수소차가 석유차를 완전히 대체한다 하더라도 자동차문화의 폭력성 문제는 쉽게 사라지지 않을 것이다. 도로에 잠재되어 있는 폭력성을 온전히 제거하려면 무엇보다 이동하는 개인들이 사적 공간에서 공적 공간으로 나와 타인들과 교류해야 할 것이다. 그러려면 육중한 코팅과 짙은 선팅으로 무장한 자동차가 아니라 자전거 같은 '열린 이동수단'이 필요하다.

대안에너지가 대안이 될 수 없는 이유

석유정점 이후의 자동차업계는 에탄올과 메탄 같은 바이오연료나 전기자동차에서 그 대안을 찾고자 할 것이다. 하지만 바이오연료가 안정적인 대안이 될 수 없다는 사실은 이미 이미 백일하에 드러났다. 연료용 에탄올의 생산증대는 곧바로 국제곡물가격의 폭등을 불러왔고, 바이오매스의 사용은 오히려 이산화탄소 방출량을 증가시킨다고 보고되고 있다. 그렇다면 전기자동차는 어떤가? 지구상의 7억 대가 넘는 차량이 사용하는 석유를 모두 전기로 대체하려면 심각한 기술적 문제가 발생한다. 배터리는 무겁고 부피가 크며 2~3년마다 교체되어야 한다. 버려진 배터리만으로도 심각한 환경문제가 되겠지만, 현재의 운송에너지 총량을 전기로 완벽히 대체하려면 전 지구적인 발전용량이 대략 현재의 3배 수준이 되어야 한다는 계산이 나온다. 혹자는 원자력발전을 그 해결책으로 제시하고 있지만, 지구촌 어디에서도 핵발전소를 새로 건설하는 문제는 쉽지 않다. 게다가 원자력발전에 사용할 수 있는 우라늄 매장량은 현재의 소비량만으로도 40년 정도면 고갈된다.

식물성 연료에 대한 회의론, 배터리의 기술적 문제 등에 직면하자 자동차업계는 이제 수소자동차에 희망을 걸고 있다. 석유 대신 수소를 사용하자는 의미에서 '수소경제'라는 말도 쓰이고 있다. 물을 전기분해하면 수소가 추출되고, 수소를 태우면 다시 물이 생긴다. 이 과정에서 온실가스는 전혀 발생하지 않는다. 하지만 물에서 수소를 얻는 데 에너지가 필요하다는 점이 문제다. 수소를 추출하려면 전기분해를 해야 하기 때문이다. 수소경제로의 전환을 주장하는 사람들

애그리플레이션(Agriflation) 'agriculture'과 'inflation'의 합성어로, 곡물가격이 치솟으면서 물가를 크게 끌어올리는 현상을 일컫는 신조어. 최근 국제시장에서 곡물가격이 급등함에 따라 실제로 한국을 비롯한 많은 나라들이 어느 정도씩은 애그리플레이션 효과를 경험하고 있는 것으로 진단되고 있다. 최근 곡물가격이 급등하는 데에는 브릭스, 친디아 등 신흥공업국들의 식량수요 증가, 농업산업화의 한계효용체감, 다국적 투기자본의 시장교란 등 다양

한 요소들이 복합적으로 작용하고 있겠지만 무엇보다도 고유가와 바이오연료가 가장 큰 원인으로 지목되고 있다. 농업에 투여되는 화석연료의 비용이 늘어남에 따라 그렇지 않아도 곡물가격이 상승하는데다 옥수수, 콩 등 원료곡물에 대한 바이오연료업계의 수요가 갈수록 늘어나면서 가격상승을 부채질하고 있다는 지적이다.

바이오매스(Biomass) 주로 식물 등의 유기체를 열분해시키거나 발효시켜 에탄올, 메탄올, 바이오디젤 등 가연성연료를 추출한 것을 바이오매스라고 한다. 나무나 식물의 잎사귀, 해조류, 녹조류, 각종 농림산 폐기물, 음식쓰레기 등 효율성만 입증된다면 각 지역의 기후나 특색에 따라 매우 다양한 유기체를 원료로 사용할 수 있어 '로컬에너지(local energy)'라고 부르기도 한다. 특히 바이오연

료가 "세계 곳곳에서 절대적 기아가 해결되고 있지 않은 상황에서 사람이 먹어야 할 식량을 자동차에게 먹이면서 곡물가격만 높여놓고 있다"는 식의 비판에 직면하자 그 대안으로 활발히 연구되고 있는 있는 추세. 유기체의 섬유질(셀룰로오스)뿐 아니라 유지성분과 탄수화물을 에너지원으로 이용한다는 점에서 바이오연료를 포함한 상위개념으로 쓰이기도 한다.

은 풍력과 태양광 등의 자연에너지나 신재생에너지를 사용하는 것으로 그 딜레마를 해결할 수 있다고 주장한다. 하지만 열역학 법칙에 따라 에너지를 한 형태에서 다른 형태로 전환할 때는 필연적으로 에너지손실이 발생한다. 태양광이 전기로, 전기가 수소로, 수소가 연료전지를 통해 다시 전기로, 그 전기가 모터의 회전에너지로 바뀌는 전 과정에서 막대한 에너지들이 희생된다. 하지만 애초부터 태양광이나 풍력 같은 자연에너지는 매우 한정된 에너지밖에 생산하지 못한다. 결국 수소경제는 이용가능한 에너지 총량의 규모에서 볼 때 오일 경제에 비해 한없이 초라한 저에너지 사회를 가능하게 할 뿐이다. 그렇다면 수소경제 사회에서 수소자동차를 몰고 다닐 수 있는 사람은 극소수의 부유층에 한정될 것이다. 불편한 진실이지만, 모든 가정이 자동차를 소유할 수 있었던 고에너지 사회는 역사상 단 한 차례의 흥겨운 파티로만 기억될 것이다. 그리고 이러한 시나리오는 미래형이 아니라 이미 어느 정도는 진행형이다.

지속가능한 미래로 가는 고속도로

2006년 〈SBS스페셜〉에 자전거를 타는 사람들의 이야기를 다룬 '행복은 자전거를 타고 온다' 편이 방송되었을 때 게시판에 가장 많이 포스팅된 것은 "서울은 자전거도시가 아니다"라는 항의들이었다. 나도 이 말에 전적으로 동의한다. 서울은 자전거족들에게는 아마도 최악의 도시일 것이다. 나 역시 그때문에 한동안 자전거를 사는 데 망설이고 있었다. 차를 놓아두고 버스로 출퇴근을 시작한 지 1년쯤 되었을 무렵 집근처 버스정거장 바로 앞에 자전거매장이 새로 들어섰다. MTB(산악자전거)를 주로 취급하는 매장이었다. 당시만 해도 한국에서 자전거는 사양산업이었고 이른바 동네의 '자전거포'는 멸종의 길을 걷고 있었다. 그런데 그로부터 얼마 후 새 자전거매장으로부터 불과 200m 정도 떨어진 곳에 이번엔 미니벨로(바퀴가 작은 소형자전거)를 전문적으로 취급하는 자전거매장이 또 생겼다. 국제유가가 배럴당 120달러를 돌파하던 무렵이었다. 나는 마침내 자전거를 사기로 결심하고 두 매장을 여러차례 오간 끝에 미니벨로 타입의 '보드윅'이란 자전거를 하나 구입했다.

집에서 회사까지 가려면 서부간선도로를 지나는 목동교와 경인고속도로 입구를 통과해야 한다. 고속도로의 출구와 입구에 횡단보도가 있기는 하지만 신호등은 없고, 운전자들이 보행자나 자전거가 지나다니리라고는 전혀 예측할 수 없는 곳이라 자동차전용도로나 다름없는 곳들이다. 이런 곳을 매일 자전거로 통행한다는 것은 목숨을 거는 일에 속한다. 그래서 직선거리로는 채 3km가 안 되는 출퇴근노선이 도로를 무려 11번이나 횡단해야 하는 난코스가 되어버렸다. 게다가 그곳의 8차선도로를 가득 메운 차량들은 유난히 많은 대형화물차들과 합세해 최악의 공기환경을 조성한다.

정작 매연보다 더 불쾌한 것은 자동차 운전자들의 태도였다. 횡단보도에 자전거를 세우고 서 있노라면 언제까지나 꼬리를 잇는 자동차행렬을 그냥 지켜보고만 있어야 한다. 목숨을 걸고 자동차행렬의 틈을 비집고 들어가지 않는 이상 길을 건널 수 없기 때문이다. 나는 내가 운전할 때는 미처 몰랐던 사실을 알게 되었다. 자동차 운전자에게는 자전거가 보이지 않는 것이다. 이건 자전거를 타는 사람들을 위험에 빠뜨리는 매우 심각한 문제다. 뿐만 아니다. 차량을 피하기 위해 인도로 올라오면 삐쭉삐쭉 솟은 교통표지판과 가로등 기둥들이 그나마 비좁은 인도 중앙에 떡하니 버티고 서 있고, 조금이라도 한눈을 팔면 철제표지판의 날카로운 모서리들이 금세라도 머리를 찢어놓겠다는 기세로 낮게 펼쳐져 있기 일쑤다. 서울은 자전거도시가 아니다. 정말이다.

자전거 출퇴근을 시작한 지 한 달쯤 되었을 때, 나는 우연히 집에서 회사에 이르는 제2의 자전거루트를 발견하게 되었다. 일요일 오후 아이와 함께 집앞의 안양천으로 산책을 나갔다가 돌아오는 길에 집에서 안양천의 '자전거도로'로 들어가는 지름길을 발견한 것이다. 안양천변에 자전거도로가 있는 것은 알고 있었지만 회사까지 가는 데는 별 도움이 안 된다고 생각하고 있었다. 그런데 알고보니 새로 발견한 루트는 기존 루트에 비해 고작 1km 정도 주행거리가 늘어나는 대가로 횡단보도를 획기적으로 줄여줄 수 있었다. 게다가 멈춤없이 10분 정도를 직선으로 달리는 구간이 포함되어 있어 시간손실도 획기적으로 줄일 수 있었다. 무엇보다도 주택가에서 안양천으로 내려설 때 진하게 밀려오는 풀냄새가 좋았다. 이런 풀냄새를 맡아본 지 얼마나 되었던가!

안양천은 그야말로 자전거를 위한 고속도로였다. 둑방 안쪽으로 난 자전거 전용도로를 달리는 라이더들은 마치 고속도로 인터체인지처럼 목적지별로 표시되어 있는 출구용 램프를 확인하며 자유롭게 드나들었다. 내 경우 집에서 회사까지 가려면 '영등포구청' 방면 출구를 이용해 안양천으로 들어와 강을 건넌 뒤에 '양천빗물펌프장' 방면 출구로 빠지면 된다. 안양천은 한강과 이어지므로 내가 새로 발견한 집앞의 자전거 고속도로는 여의도와 강남까지 연결된다.

나는 폭 2m 남짓한 2차선의 이 자전거 전용도로의 여객수송능력이 둑길 바깥쪽의 서부간선도로와 별반 다를 게 없다는 생각이 들었다. 아침저녁으로 안양천을 달리면서 나는 이런 자전거전용도로가 서울의 주요지점을 연결하게 될 미래를 상상해보곤 했다. 자전거전용도로는 자동차도로에 비해 건설비용도 훨씬 덜 들 테니 생각해보면 그리 어려운 일도 아닐 것이다.

도로교통법부터 뜯어고쳐라!

우리나라에서는 자전거를 타고 가다 사고를 내도 운전면허가 정지될 수 있다. 횡단보도에서 자전거로 사람을 치었다면 실형을 살 수도 있다. 믿기 어렵지만 사실이다. 어떻게 이런 일이 있을 수 있을까? 신문에 보도된 실제사례를 보자(한국일보 2008년 6월 9일).

사건1 서울 영등포구 대방동에 사는 A씨는 최근 '기존 벌점(30점)에 15점이 추가돼 운전면허가 45일간 정지된다'는 통지서를 받았다. 이씨는 아무리 생각해봐도 차량 사고를 낸 적도 없고 법규를 위반한 기억도 없어 경찰에 항의했다. 그러나 "올해 초 발생한 자전거 사고 때문에 벌점 15점이 추가됐다"는 경찰 답변에 이씨는 "자전거 사고가 자동차 운전면허 벌점으로 연결될 줄은 꿈에도 생각지 못했다"며 어이없어 했다.

사건2 B씨는 지난해 11월 서울 동작구의 한 아파트 앞 횡단보도에서 자전거를 타고 가다가 노인을 치어 부상을 입혔다. B씨는 치료비를 공탁하는 등 노력했지만 금고 7개월을 선고받았다. 횡단보도에서 자전거를 몰고 가는 것은 '10대 중과실'에 해당하기 때문이다.

국내의 도로교통법 상 자전거는 '차'로 규정되어 있다. 그래서 자전거로 사고를 내면 운전면허에 벌점이 추가된다. 만약 횡단보도에서 사람을 치었다면 자동차사고와 마찬가지로 '10대 중과실'이 되어버린다. 이런 비합리적인 교통법규는 자전거운행 활성화를 가로막는 한 요인이다. A씨 사례와 같은 '자전거·자동차 벌점 합산제'는 자전거와 자동차를 구별하지 않는 법률 상의 맹점에서 기인한다. 게다가 무면허자가 자전거사고를 낸 경우에는 벌점을 부과할 수 없기 때문에 결과적으로 형평에도 어긋나는 법규라고 할 수 있다.

자전거 이용자에게 불합리한 법규는 이뿐만이 아니다. 자전거는 도로교통법 상 2륜자동차, 우마차 등과 함께 도로의 맨 오른쪽 차선을 이용하도록 되어 있다. 좌측차선으로 들어갈 수는 없지만 맨 오른쪽 차선이라면 자동차와 동등하게 이용할 법적 권리가 있는 것이다. 그러나 실제로 해당 차선 안에서 자전거를 모는 것은 목숨을 거는 일이다. 게다가 맨 오른쪽 차선은 버스와 택시가 수시로 멈춰 서서 차량흐름을 끊는 곳이기도 하다. 교차로에서 좌회전하는 것도 문제다. 법규대로만 따진다면 자전거도 중앙선 쪽 차선을 이용해 좌회전을 할 수 있다. 하지만 현실적으로 불가능하기 때문에 자전거 이용자들은 대부분 횡단보도를 건너는 방법을 택하고 있다. 그런데 자전거를 탄 채 횡단보도를 건너다 사고가 나면 B씨처럼 '10대 중과실'에 해당해 실형을 선고받을 수 있다.

그렇다면 위험한 차도를 피해 인도를 주행하는 것은 어떨까? 자전거는 인도에서도 환영받지 못한다. 인도에서 사고가 나면 '통행구분위반'의 책임을 져야 한다. 보행자가 고의로 뛰어들어 발생한 사고라 하더라도 부상과 손해에 따른 비용 전액을 자전거 이용자가 물어야 한다. '보도통행방법'을 위반할 경우 도로교통법 제12조 2항에 의거, 종합보험 가입자라도 5년 이하의 금고나 2,000만 원 이하의 벌금형에 처해질 수 있다. 현실적으로도 법적으로도 이 나라에 자전거가 다닐 수 있는 길은 없다.

사실 자전거 이용자들에게 불리한 법률 상의 문제는 도로교통법에 '인간동력'이라는 개념을 도입하면 간단히 해결된다. 화석연료나 축전지를 사용하는 종래의 자동차와는 별도로 원동기 없이 사람의 힘만으로 움직이는 모든 '인간동력 승용물'을 별도로 정의하여 보호하는 것이다. 현행 도로교통법은 자동차시대의 낡은 유물이다. 자전거를 타고자 하는 사람들의 기부터 꺾어놓는 악법은 당장 뜯어고쳐야 한다.

3km의 한계와 3km의 가능성

자 전 거 를 구입한 후 나는 내가 자전거로 얼마나 멀리까지 갈 수 있을지 궁금했다. 목적지에 도착한 후 지쳐서 돌아오기 힘들어지거나 출근을 해서도 일을 할 수 없을 정도가 되면 곤란하겠기에 나는 살짝 땀이 나기 시작할 정도의 거리까지만 일단 가보기로 했다. 그런데 이 실험은 정말 순식간에 결판이 나버렸다. 15분, 3km 정도에서 벌써 피곤해지기 시작한 것이다. 실망스러웠지만 나는 이 현실을 받아들이기로 했다.

나는 서울시 전체가 아주 자세하게 나오는 커다란 지도 한 장을 샀다. 그리고 현재 내가 살고 있는 아파트를 중심점으로 하여 반경 3km의 원을 그려보았다. 컴퍼스가 있었으면 했지만 요즘엔 그런 것도 구하기가 힘들어 연필에 실을 묶어 간이컴퍼스를 만들었다. 3km는 내가 인력으로 무리 없이 이동할 수 있는 최대거리였다.

나는 지도 위에 나를 비롯해 우리 가족 중 누구라도 한 달에 두 번 이상 가는 곳들을 찾아서 붉은 사인펜으로 위치를 표시했다. 유치원, 편의점, 슈퍼마켓, 유기농 밀을 사용한다고 해서 요즘들어 자주 들르게 된 빵집, 그리고 소아과가 1km 반경 안에 있었다. 나의 직장인 방송국, 유기농 식품매장, MSG를 사용하지 않아서 역시 요즘 자주 들르는 중국음식점, 그리고 대형할인매장 두 곳, 유명 백화점 한 곳은 3km 반경 안에 있었다. 그런데 따져보니 집에서 50m 떨어져 있는 유치원을 제외하면 이 모든 곳들에 갈 때 우리 가족은 늘 자동차를 사용하고 있었다. 한 달에 두 번 이상 가는 장소들 중에서 3km 이내에 들어가지 않는 유일한 예외는 우리 가족 모두가 중독이 되다시피 한 냉면집 한 곳 뿐이었다. 이 냉면집은 6km 거리에 있었다.

이번에는 자주 가지는 않지만 일 년에 한 번 이상 가는 곳들을 찾아서 파란색 펜으로 표시해보았다. 어린이도서관, 자전거매장, 치과, 종합병원에서부터 부모님이 계신 시골집, 처가댁, 놀이공원 등등이 있었다. 이런 곳들은 3km 이내에서부터 반경 150km 이내까지 여기저기 산재해 있었다.

이제는 좀 더 복잡한 통계를 내볼 차례였다. 표시된 장소들을 3km 이내의 거리에 있는 곳들과 3km 반경 바깥쪽에 있는 두 그룹으로 나

글루탐산나트륨(Monosodium Glutamate, MSG)
다시마를 조미료로 즐겨 사용하는 일본에서 화학연구자로 활동하고 있는 이케다 기쿠아네는 다시마의 조미성분이 글루탐산이라는 사실을 밝혀내고 글루탐산나트륨의 합성법을 특허등록하였다. 감칠맛을 내주는 아미노산인 글루탐산은 다시마 외에도 새우, 멸치, 버섯 등에 다량함유되어 있는데, MSG는 이와 거의 동일한 구조식을 화학적으로 합성한 것을 말한다. MSG는 전 세계에서 가장 많이 사용되는 화학조미료로, 렙틴의 저항성을 유발하여 비만을 유발할 수 있고 인슐린 저항성을 유발하여 대사성 질환을 유발할 수 있다는 등의 부작용이 보고된 바 있다. 뇌를 손상시키거나 두통, 구역질, 심박수 증가 등을 유발할 수 있다는 주장도 있다.

누어 각 그룹별로 거리와 연간 방문회수를 곱하여 연간 총주행거리를 뽑아본 것이다. 두 그룹을 비교하면 어느 쪽의 수치가 더 클지 알아보기 위해서였다. 결과는 놀라웠다. 3km 이내의 일상적인 자동차 사용을 모두 합하면 이따금씩 있는 장거리이동의 연간 합산거리보다 컸던 것이다. 일 년 전부터 출퇴근에는 승용차가 아닌 시내버스를 이용하고 있었지만, 2km 거리의 회사를 자동차로 일 년간 왕복했을 경우 총 600km 된다. 이것은 이따금 다녀오는 고향집 방문거리의 두 배에 해당한다. 백화점과 슈퍼마켓 등 장보기를 위한 연간 총주행거리도 자그마치 500km가 넘었다.

반면에 인간동력으로는 이동이 불가능한 장거리여행은 빈도수가 매우 낮아 모두 합산해도 1,500km 정도밖에 되지 않았다. 우리 가족의 경우 모든 자동차 이용의 절반 이상을 인간동력으로 전환하는 것이 가능하다는 결론에 도달한 것이다. 이것은 걷거나 자전거를 타는 것만으로도 우리집 휘발유 소비량의 50%를 절약하는 것이 가능하다는 것을 의미했다. 내가 업무를 위해 촬영용 승합차를 사용하는 것까지 계산에 넣으면 인간동력으로 전환가능한 비율은 많이 줄지만, 그래도 1/4이 넘었다. '가랑비에 옷 젖는다'고, 내가 쓰는 휘발유의 절반이 먼곳도 아닌 바로 집주변에서 새고 있었던 것이다.

I got freedom!

〈드라이빙 라이선스〉라는 미국영화가 있다. 주인공은 18살의 고등학생, 운전면허 시험에 번번이 떨어지자 무안해진 소년이 아버지에게 면허시험에 합격했다고 거짓말을 하는 것이 이 영화의 시작이다. 소년이 아버지에게 면허시험에 합격했다며 "I got freedom!"이라고 외치자 아버지는 소년에게 자동차 열쇠를 내주면서 축하의 의미로 "한 바퀴 돌고 오라"고 말한다. 그런데 난생처음 차를 몰고 나간 소년은 꿈에 그리던 자유가 아닌 끔찍한 악몽을 경험하게 된다. 영화는 소년이 주차시비로 시작해 범죄자로 몰려 경찰에 쫓기다가 실수가 또다른 실수를 낳는 과정에서 도시를 아수라장으로 만들어가는 하룻밤의 악몽을 코믹하게 그리고 있다.

20여 년 전에 본 이 영화를 내가 다시 떠올리게 된 것은 소년이 외치던 "I got freedom!"이라는 대사 때문이다. 영화 속 소년과는 정반대로 나는 자동차를 세워두고 자전거를 타게 되면서 오히려 더 자유롭게 된 나를 발견했다. 일례로 요즘 나는 근처의 도서관에도 더 자주 가고 휴일에 장보러 다니는 것도 즐기게 되었다. 더 능동적이고 활발하게 움직이고 있는 것이다. 걸어서 가기엔 좀 멀고, 그렇다고 주차장에 있는 차를 꺼내기에는 좀 번거로운 3~5km 이내의 장소들에 더 자주 가게 되었기 때문이다. 자전거 이용자들이 자동차 사용자들보다 연간 이동거리가 더 많다는 통계도 있다. 가까운 거리를 자주 이동하는 것은 먼 거리를 가끔씩 이동하는 것보다 삶을 더 풍요롭고 다채롭게 만들어준다.

인력이동이 자동차보다 '자유롭다'는 것은, 또한 자연스럽게 이웃을 사귀게 만들어준다는 뜻이기도 하다. 미국의 미네아폴리스에 사는 존 에이커 John Acre 는 16세 되던 해 운전교습을 위해 처음 자동차 운전대를 잡는 순간 자신이 자동차 앞유리 너머로 다른 사람들을 보게 되는 방식에 스스로 충격을 받았다. 눈앞의 사람들을 '장애물'로 보고 있는 스스로에 경악한 그는 평생 운전을 하지 않기로 결심했다. 실제로 존은 성인이 되어서도 자동차 없이 살고 있다.

인력이동은 길옆 화단의 꽃 한 송이를 볼 수 있게 해준다. 인력이동은 이웃들과의 유대감을 높여주고 사람들을 보다 공동체적으로 만들어준다. 차창으로 가로막힌 운전석 안에서는 결코 느낄 수 없는 것들이다. 일단 공동체적인 관계가 형성되면 사람들은 전보다 더 자유로워질 수 있다. 만약 당신이 워킹맘이라면, 아이를 유치원에서 데려와줄 믿음직한 이웃이 두세 명만 있어도 시간제약으로부터 얼마나 자유로워질 수 있을지 생각해보라. 인간동력은 '자유'다.

사람이
에너지다

일거수일투족뿐 아니라 인간은 심지어 잠자는 동안에도 쉼없이 공중으로 에너지를 방출하고 있다. 살아 있는 것이 곧 '발전'인 셈이다. 이제 이 에너지들을 수확할 때가 되었다. 이것을 '지속가능한 인해전술'이라 명명하는 건 어떨까?

HUMAN POWER

〈매트릭스〉가 보여준 미래에너지

지능화된 기계들이 자신들의 생존에 필요한 에너지를 추출하기 위해 인간을 사육하고, 코마 상태로 캡슐에 갇혀 매순간 에너지를 생산하는 인간들은 기계들로부터 완벽한 가상현실을 제공받는다. 이것이 영화 〈매트릭스〉 시리즈의 세계관이다. 이 영화에서 기계들은 살아 있는 인간들에게 죽은 인간으로부터 추출한 유기질을 사료로 공급하는데, 이는 메타포와 알레고리를 좋아하는 워쇼스키 형제가 폐가축으로 살아 있는 가축을 키우는 현대의 축산업계를 풍자하려 했던 것인지도 모른다.

먹이활동을 통한 동물의 대사·성장효율을 따져봤을 때 '죽은 인간'으로 '산 인간'을 안정적으로 재생산한다는 것이 과연 산술적으로 가능할지는 의문이지만, 어쨌든 여기서 우리에게 중요한 것은 인간이 생존하는 것만으로도 얼마든지 에너지원이 될 수 있다는 발상이다. 실제로 인간은 매순간 에너지를 발산한다. 심장박동, 호흡, 체온과 같은 기초대사에서부터 앉기, 걷기, 타이핑, 리모컨 조작 등의 일상적인 활동, 그리고 조깅, 수영 등 좀 더 강렬한 운동에 이르기까지 인간은 한순간도 쉬지 않고 에너지를 방출하고 있다. 그렇다면 인간이 만들어낼 수 있는 에너지는 과연 얼마나 될까? 정말 사람의 힘만으로 내연기관이나 전기모터에 필적할 만한 힘, 그만큼 유용한 에너지를 만들어낼 수 있을까?

사람의 하루 평균 소모열량이 2,500kcal나 된다는 사실에 기초해 보면 인간이 낼 수 있는 잠재적 에너지의 총량이 결코 적지만은 않다는 것을 짐작할 수 있다.

'1cal=4.184J'이므로 '2,500kcal=10.5MJ'이다.

10.5MJ을 전력으로 환산하면 대략 3kWhr에 해당한다.

우리나라 사람들의 하루 평균 전력사용량이 9kWhr이므로, 이론적으로는 사람이 하루에 낼 수 있는 에너지의 총량이 평균 전력소모량의 1/3이라는 계산이 나온다. 이것은 1,050개의 알카라인 AA건전지에 저장된 에너지와 같은 양이다. 그런데 사람은 생명유지와 일상생활에 에너지의 상당부분을 사용하고 있으므로, 이를 제외하면 실제로 이용가능한 인간에너지는 이보다 적어질 것이다.

인간의 활동유형별 에너지 소비량

활동	에너지 소비량
잠자기	81 cal
의자에 앉아 있기	116 cal
수영	582 cal
전력질주	1,630 cal

현재까지 인간동력을 활용한 전기제품들은 손으로 돌리는 라디오나 손전등처럼 전력소모가 매우 적은 기구들에 한정되었다. 결국 사람의 힘으로는 라디오 이상의 전기제품을 작동시키는 것이 불가능한 것일까?

캘리포니아의 인간발전기

1월의 이른 아침 캘리포니아 산호세의 한적한 교외 주택가에서 우리는 데이비드 부처David Butcher의 '인간동력 발전기'를 촬영했다. 우리는 그를 버스사이클 시승행사에서 처음 만났었다. 아침 8시, 데이비드 부처의 하루는 차고에서 시작된다. 헐렁한 티셔츠에 자전거용 타이츠를 입은 그는 나무 반, 금속 반으로 만든 페달발전기 위에 올랐다. 윙윙 소리를 내면서 커다란 나무바퀴가 돌자 나무바퀴와 맞닿은 작은 발전기가 빠른 속도로 따라 돌기 시작했다. 이렇게 만들어진 전기는 2단으로 쌓은 12개의 자동차용 배터리에 차곡차곡 저장되어 그의 홈오피스에서 사용될 것이다.

전직 고등학교 교사인 데이비드는 실리콘밸리에서 컴퓨터 관련 컨설팅을 하고 있다. 그의 고객 중에는 미국 최고의 렌터카업체를 비롯해 이름만 대면 우리도 알 만한 대기업들이 많았다. 회사에서 제공한 사무실이 있긴 하지만 그는 주로 자신의 집에서 일한다고 했다.

"처음에는 교통체증이 지긋지긋해서 집에서 일하기 시작했지만 이제는 회사에 나갈 필요를 거의 못 느낍니다."

2년 전 인간동력 발전기를 직접 만든 이후로 그는 하루도 빠짐없이 아침운동 겸 발전을 하고 있다. 자전거프레임으로 만든 손잡이에

책을 읽으며 가벼운 아침운동을 하는 동안 늘어진 뱃살은 전기에너지로 재활용된다.

는 장난감 RC카에서 떼어다 붙인 전력계까지 달려 있었다.

"전력계를 보면서 110와트를 유지하려고 노력합니다. 그 정도 출력이면 적당히 힘들면서 땀이 날 정도가 되거든요."

이렇게 매일 30분씩 운동을 하면 하루에 55Whr가 만들어진다. 페달발전기를 사용하기 시작하면서 2년 만에 13kg 체중이 줄었다고 한다.

"불필요한 지방이 모두 전기로 바뀐 셈이죠. 아주 요긴하게 사용한 겁니다."

이렇게 말하며 그는 아주 자랑스럽다는 표정으로 웃었다. 그는 아침마다 자신이 하는 일을 진심으로 즐기고 있는 듯했다.

"그냥 밖에서 운동을 하는 것보다 훨씬 재미있어요. 내가 발전한 전기를 내가 사용한다는 기대감이 있으니까요. 멋진 느낌입니다."

그는 페달발전기를 만들면서 두 가지 목표를 세웠다. 첫째는 전력 생산량을 높여 실질적인 용도로 사용할 수 있어야 한다는 것, 둘째는 발전기의 제작단가를 최대한 낮추고 누구라도 쉽게 만들 수 있을 만큼 간단하게 설계할 것. 두번째 목표는 다분히 그가 교사 출신이라는 점을 반영하고 있었다. 일단 첫번째 목표는 스스로 2년간 실질적인 용도로 사용하고 있으므로 저절로 증명됨 셈이었다. 다만 그는 두번째 목표를 만족시키기 위해 여러 차례 발전기를 다시 만들었다고 했다.

"초기 버전과는 상당히 다른 형태가 되었어요. 이 나무바퀴는 원형테이블의 상판입니다. 안장과 페달, 핸들은 중고자전거에서 떼어온 것들이구요. 이 발전기는 원래 스쿠터의 모터였습니다. 재료비로 채 20달러가 안 들어갔죠."

꽤 비싸 보이는 자동차용 배터리들 역시 발품만 좀 팔면 거저 구할 수 있노라고 했다.

"자동차용 배터리는 일정기간 사용하면 교체해야 합니다. 하지만 이렇게 버려지는 배터리들도 그 안에 저장용량이 적잖이 남아 있어요. 자동차용으로는 부족하지만 저한테는 충분합니다."

그는 버려진 배터리를 여러 개 모아 일종의 '배터리 뱅크'를 만들었다. 폐기처분된 배터리들의 잔여용량을 끌어모아야 하니 자연히 배터리 개수도 많아졌다. 이 배터리 뱅크에서 나오는 전기는 직류

12V다. 이 직류전원을 가전용 110V 교류전원으로 바꾸려면 인버터라는 장비가 필요하다.

"인버터만은 제값을 주고 신품을 구입했습니다. 제 발명품 중에서 유일하게 현금이 들어간 부분이죠."

그는 프레임 제작에도 용접 대신 볼트와 끈을 이용한 결속방식을 사용했다. 이런 식으로 '가정용 공구만으로 제작이 가능한 페달발전기'의 설계도와 매뉴얼이 만들어졌다. 설계도는 그의 홈페이지에서 무료로 다운받을 수 있다.

"당신을 따라하려는 사람들이 많은가요?"

"구글에서 제 이름을 치면 제 홈페이지가 나옵니다. 지금까지 200명이 설계도면을 받아갔어요. 작은 시작이지만 그 200명이 또다른 200명에게 전파를 하고, 또 그런 식으로 계속 퍼져나간다면 페달발전기 사용자가 기하급수적으로 늘어날지도 모르죠. 희망이지만요."

아침식사를 한 뒤 샤워를 하고 옷을 갈아입은 데이비드는 자신의 홈오피스에 자리를 잡았다. 남쪽으로 창을 낸 넓은 방이었는데, 채광창 밖의 뜰에는 커다란 거울 여러 개가 바닥에 누운 채로 방 쪽을 향해 비스듬히 놓여 있었다.

"햇빛을 최대한 이용하자는 건데, 별것 아닌 것 같아도 겨울에는 난방비를 아끼는 데 적잖은 도움이 됩니다."

아침운동과 에너지독립선언

 데이비드가 아침마다 만들어놓은 전기는 바닥에 매설된 전선을 통해 차고의 배터리로부터 그의 홈오피스로 공급된다. 방의 한쪽 끝에 위치한, 다른 콘센트와 구별되는 붉은색 전기콘센트가 바로 인간동력의 전원이었다. 그는 이 전원으로 비교적 큰 전력이 필요없는 소형 가전제품들을 이용한다고 했다.

"미니콤포넌트, 전기면도기, 무선전화기, 선풍기, 로봇청소기가 오로지 제 다리로 만든 전기로만 운용되고 있습니다. 이따금 노트북 컴퓨터와 서버용 모니터를 작동하는 데 쓰기도 합니다."

그는 미니콤포넌트에 씨디를 넣으며 '페달전기로 듣는 음악'이라며 환하게 웃었다. 그의 웃음에서 유쾌한 만족감이 느껴졌다.

"정말 좋아하시네요?"

"네, 전 정말 이게 너무 좋아요. 이 전기는 제 자신의 일부거든요. 지금 제가 보고 있는 모니터 화면, 막 쓰려고 하는 이 면도기, 저기서 지금 충전되고 있는 휴대폰… 이 모든 전기가 공해를 일으키는 발전소가 아니라 모두 제 다리에서 나온 겁니다. 얼마나 즐거운 일입니까!"

그가 느끼는 만족감은 단지 자급자족에서 오는 것만은 아닌 듯했다. 우리나라에도 집에 태양열발전기나 풍력발전기를 설치한 사람들이 꽤 있지만, 그들은 이 정도로 만족감을 표시하지는 않는다. 그렇다면 인간동력에 자급자족 이상의 만족감을 주는 무언가가 있다는 뜻이다. 직접 경험해보지 않고는 그것이 무엇인지 다만 짐작만 할 수 있을 뿐이지만.

데이비드의 하루 발전량인 55Whr는 그다지 많은 양이 아니다. 우리나라에서는 한 사람이 하루 평균 3kWhr의 전기를 쓴다.

"중요한 것은 절대적인 전력량이 아닙니다. 전기를 스스로 만들어 사용해보면 자기도 모르게 아껴쓰게 되거든요. 인력발전을 시작한 이후로 저는 플러그 빼놓기를 생활화하고 있어요. 전자제품을 구입할 때도 반드시 에너지효율등급이 높은 제품을 선택하게 됐구요. 집도 단열재를 써서 냉난방을 위한 에너지를 획기적으로 줄일 수 있도록 고쳤습니다. 얼마 전에는 지붕에 PV패널을 설치해서 인력발전에 태양광발전을 추가했지요."

그가 보여준 전기료 고지서에는 $0가 적혀 있었다. 탁자 윗판을 뜯어 만든 페달발전기에서 시작해서 2년 만에 완전한 '에너지독립'

PV패널 광전지(Photovoltaic)를 연속적으로 배열하여 태양광의 열에너지를 효율적으로 흡수할 수 있도록 만든 집열판을 말한다. 주로 건물의 지붕이나 마당 등에 설치하여 태양광을 전기에너지로 변환하는 데 쓰인다.

을 달성한 것이다.

워낙에 그는 차고에서 뭐든지 뚝딱거리며 만들기를 좋아한다고
했다. 그런 그에게 자동차는 애물단지였다. 툭하면 차고 바닥에 끈적
거리는 윤활유 찌꺼기를 떨어뜨리는 통에 차고에서 뭐 하나 고치려
면 손에 시꺼먼 기름때를 잔뜩 묻혀야 했기 때문이다.

"그래서 휘발유 차를 치우고 전기자동차를 구입했어요. 전기차는
기름을 안 흘리거든요."

데이비드는 우리를 위해 페달발전기 하나를 더 보여주었다. 투명
아크릴로 바퀴를 만들어 아주 예뻐 보였다. 그는 이 '실내용 페달발
전기'로 세탁을 해볼 참이었다. 그로서도 처음 시도해보는 것이라고
했다. 세탁기는 가전제품 중에서도 전력량을 상당히 많이 요구하는
놈이다. 특히 모터가 고속회전하는 탈수 모드에서 꽤 많은 전력이
소모된다. 이런저런 가전제품에 페달발전기를 직접 연결하여 테스
트해보는 것을 즐기는 그였지만 아직 세탁기를 돌려본 적은 없다고
했다.

"제가 알기론 아마도 세계최초일 거예요."

아크릴바퀴에 발전기를 하나 더 장착하며 그가 말했다. 발전모터
를 하나 더 단 것 말고도 그는 발전기와 세탁기 사이에 슈퍼콘덴서를
추가했다. 콘덴서는 발전된 전력을 일정량 저장했다가 요구전력이
많아지는 시점에 추가전력을 공급해줄 것이다.

일단 그는 드럼세탁기에 빨래감을 넣고 스위치를 켜지 않은 상태
에서 1분 정도 페달을 돌려 콘덴서에 전기를 모았다. 충분한 전력이

콘덴서에 모인 것을 확인한 그가 세탁기 스위치를 켜자 세탁기가 가볍게 돌아가기 시작했다. 이런 식으로 인력발전기를 가전제품에 직접연결할 경우에는 전력소모량에 따라 페달에 걸리는 부하도 시시각각 달라진다고 한다. 특히 세탁기의 모터는 회전과 정지를 반복하므로 페달도 뻑뻑하게 돌다가 헐렁하게 돌기를 반복하게 된다는 것이다. 자연스럽게 다리근육이 쉴 틈이 생기는 것이다. 물론 40여 분 가까이 페달을 계속 돌리는 것은 그다지 쉬운 일이 아닐 것이다.

"두 사람이 나란히 앉아 차례로 두 집 빨래를 하는 품앗이가 가능해지는 날이 어서 빨리 왔으면 좋겠어요!"

마침내 세탁기가 탈수 코스로 진입했다. 데이비드는 페달을 더욱 세차게 밟았다. 콘덴서가 비프음을 내기 시작했다. 전력이 모자라다는 신호다. 데이비드는 한결 뻑뻑해진 페달과 힘겨운 마지막 전투를 치르고 있었다. 그의 얼굴에서는 땀방울이 비오듯 흘러내렸고, 콘덴서의 경고음은 계속되었다. 그는 세탁기의 모터가 멈추지 않고 돌 수 있을 만큼의 전력을 가까스로 만들어내고 있었다.

"버티고는 있는데 정말 힘드네요!"

3분여의 탈수 코스가 끝나고 세탁기가 멈추었다. 결국은 성공한 것이다.

"매주 일요일에 이걸로 빨래를 할 거예요. 조금만 손을 보면 그다지 힘들지 않을 것 같네요. 다리에 힘이 붙으면서 점점 더 쉬워지기도 하겠지요?"

데이비드가 땀을 닦으며 만족스럽다는 얼굴로 웃어 보였다.

뱃살의 기막힌 용도

나 는 데 이 비 드 와 함께 페달발전기로 구동가능한 가전제품의 목록을 만들어보았다. 페달발전기로 작동할 수 있는 제품들은 의외로 많았다.

가능한 것들

TV (브라운관 및 LCD-TV, 쉬움)

형광등 (쉬움)

백열등 (깜빡거리긴 하지만 2개까지도 가능)

세탁기 (탈수 모드에서는 다소 힘이 듬)

믹서기 (쉬움)

라디오 (매우 쉬움)

선풍기 (쉬움)

불가능한 것들

헤어드라이어 (1~2초는 가능)

토스터

에어컨

전기난로

전기담요

전기밥솥

빨래건조기

　　앞서 휴먼카의 사례에서 우리는 한 사람이 1마력까지 낼 수 있다
는 것을 확인했다. 그러나 휴먼카가 자랑하는 이 최대출력은 아주 짧
은 시간동안 큰 힘을 내기 위한 순간가속 수치였다. 휴먼카 역시 크
루징스피드에서의 파워는 이보다 현저히 줄어든다. 일반적으로 성
인남자는 평지에서 힘 안 들이고 자전거를 탈 때 평균 75W 정도의
출력을 낸다. 이때의 속도는 시속 20km 정도다. 시속 30km가 되려
면 125W의 힘이 필요한데, 사이클선수가 아니라면 125W 출력을
30분 이상 지속하는 것은 매우 힘들다. 유용한 에너지원으로서의 인
간동력은 장시간 되풀이하거나 지속적으로 출력가능한 근육의 힘이
다. 이 힘은 개인에 따라, 심리적 · 신체적 상태에 따라, 그리고 사람
의 운동을 에너지로 바꾸는 출력기구(인터페이스)에 따라 달라진다.

인터페이스에 따른 휴먼에너지 출력

엄지손가락 똑딱스위치	0.3 Watt
악력발전기	6 Watt
핸들크랭크발전기	21 Watt
페달발전기 (시속 25km)	100 Watt

(출처: "HUMAN POWER, A SUSTAINABLE OPTION FOR ELECTRONICS" A.J. Jansen,
　　A.L.N. Stevels, 1999, Delft University of Technology, 네덜란드)

위 도표의 휴먼에너지 출력을 일반적인 가전제품의 소비전력과 비교해보자. 여기서 우리는 상당히 많은 전기제품들이 인간동력의 범주 안에 있음을 확인할 수 있다.

가전제품의 전력소비량

제품	전력소비
휴대용 FM라디오	30 mWatt
워크맨 (재생시)	60 mWatt
TV리모컨	100 mWatt
휴대폰 (통화/대기)	2W / 35mWatt
손전등	4 Watt
8mm 소형 비디오카메라	6 Watt
노트북컴퓨터	10 Watt
TV (20인치/32인치 와이드)	50/111 Watt

현대인들이 하루 평균 섭취하는 음식의 칼로리를 모두 전기로 바꾸면 약 3kW가 된다. 햄버거 하나의 열량을 전기로 환산하면 AA건전지 100개가 넘는다. 이렇게 확보된 에너지 중에서 기초대사와 일상생활에 사용하고 남는 칼로리는 그대로 배설되거나 지방으로 저장된다. 이 잉여칼로리를 모두 전기로 바꾸면 그 양은 어마어마하다. 뱃살 1kg을 전기로 바꾸면 그 양은 과연 얼마나 될까?

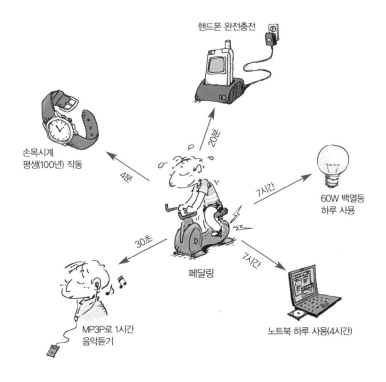

손목시계
평생(100년) 작동

핸드폰 완전충전

60W 백열등
하루 사용

MP3P로 1시간
음악듣기

노트북 하루 사용(4시간)

페달링

사람들의 과체중을 독립된 하나의 에너지원으로 생각해보자. 체지방 1kg은 7,700cal다. 이번에는 이 칼로리를 전기로 바꿔보자. 칼로리와 와트는 단위가 다르지만 칼로리를 '일의 양' 즉, 줄^{joule}로 바꾸고 동일한 일에 해당하는 와트값을 구하면 근사치를 구할 수 있다. 이렇게 계산할 때 체지방 1kg은 약 9kWhr에 해당한다. 말하자면

이제 우리는 햄버거를 먹고 축 처진 뱃살을 만들 것인지 건전지 100개
를 충전시킬 것인지를 선택해야만 한다.

1kg의 뱃살은 9kWhr의 전력을 비축한 배터리나 다름없다. 9kWhr
는 우리나라에서 한 사람이 하루 평균 사용하는 전력량이다. 한국인
의 30%가 과체중이라고 보고 초과체중을 평균 5kg 정도로 가정하
면, 한국인의 총 뱃살은 무려 5만4,000만kWhr가 된다. 웬만한 화력
발전소의 발전량이 30만kWhr 정도이므로, 이는 화력발전소 180기
를 한 시간 운전하는 것과 같은 전력량이 된다. 게다가 뱃살은 일단
빠지더라도 계속 새로 생겨나는 신재생에너지(?)이므로 지속적인 에
너지원이 될 수 있다. '티끌 모아 태산'이라는 말이 이보다 더 적합한
경우가 또 있을까?

'살기좋은 세상'을 위한 결벽증

2 0 0 8 년 1월 10일 아침 8시 30분, 우리는 미국 캘리 포니아의 아케이타Arcata 시에서 바트 올란도Bart Orlando 를 만났다. 그는 인간동력 세탁기와 믹서에 압류스티커가 붙어 있는 창고 사무실에서 다소 굳은 표정으로 우리를 기다리고 있었다. 우리 는 그의 밀린 창고보관료 800달러를 대납했다. 사실 우리는 바트가 어떤 사람인지, 어째서 지금 돈이 한푼도 없고 홈리스가 되었는지 전혀 알지 못했다. 훔볼트 대학Humboldts University의 학생들이 인간동 력 가정용품들을 만드는 프로젝트에 그가 자원봉사자 자격으로 참 가한 바 있고, 그 곳에서 직접 다수의 인간동력장치를 발명했다는 것 외에는.

바트의 발명품들 중에는 '인간에너지컨버터(H.E.C)'가 있다. 그 는 14명이 페달을 밟아서 만든 1kW의 전력으로 다수의 야외콘서트 를 치르기도 했다. 우리는 지역신문 등에서 이런 사실을 확인할 수 있었다. 분명 아케이타는 한동안 인간동력 아이디어가 번성하던 곳 이었다. 그럼에도 불구하고 그날 아침까지 나는 바트를 전적으로 신 뢰할 수가 없었다. 처음 섭외 이메일을 보냈을 때는 밀린 창고료가 400달러 정도라고 했다가 며칠 후 612달러라고 했고, 촬영 직전에는 우리가 대납해야 할 총액이 812달러라고 했다. 우리는 그에게 창고비를 대납해줄테니 창고에서 세탁기를 꺼내서 어떻게 작동하는지 한번 보여달라고 제의했었다. 그런데 이처럼 말이 자꾸 바뀌는 터라 아예 바트를 촬영대상에서 제외할까도 생각했다.

한때 학생들의 인간동력 연구를 지원하던 홈볼트 대학이 연구실을 폐쇄하면서 바트의 발명품들 중 대부분이 폐기되었고, 간신히 살아남은 몇 개를 지역의 유료창고에 보관하고 있다가 직업을 잃는 바람에 홈리스가 되고 보관료도 밀리게 되었다는 저간의 사정을 아무의심 없이 그대로 믿기는 어려웠다. 한 달 내로 밀린 보관료를 내지 않으면 창고에 보관중이던 자신의 발명품들이 모두 경매처분될 것이라는 말도 마찬가지였다. 하지만 만에 하나 그가 정말로 괜찮은 사람이라면, 우리의 촬영취소가 가진 것을 모두 잃고 절망에 빠져 있는 환경운동가 한 사람을 아예 죽이는 일이 되지나 않을까 우려스럽기도 했다. 결국 우리는 속는 셈치고 80만 원을 써보기로 했다.

여전히 나는 그가 알코올중독 직전의 부랑자이거나 잘해봐야 제멋대로인 히피 정도일 것이라고 생각했다. 그래서 나는 그에게 사무적인 태도로 돈을 건네고, 영수증을 받고, 오늘 촬영에 문제가 없는지와 제시간에 끝날 수 있는지를 물었다. 그 역시 'Yes/No' 정도로 간단히 대답했을 뿐 고맙다거나 반갑다거나 하는 전형적인 미국식 예절조차 차리지 않았다.

창고에서 물건을 꺼내 트럭에 싣는 바트의 몸놀림은 아주 날렵했다. 우리가 4시간밖에 시간이 없다고 했기 때문에 서두르는 모양이었다. 아닌 게 아니라 그의 얼굴은 잔뜩 긴장해 있었다. 그동안 나는 그날 아침 트럭을 빌려주기 위해 창고까지 트럭을 몰고 온 그의 친구에게 물었다.

"바트가 어쩌다 홈리스가 되었는지 말해줄 수 있나요?"

바트의 친구는 잠시 머뭇거리다 이렇게 대답했다.

"바트의 윤리의식이 현실을 이기지 못한 거지요."

그의 설명에 따르면, 바트는 '지구를 죽이는' 그 어떤 일도 거부하며 살았다고 한다. 심지어 자동차를 사용해야 하는 일조차 하려 들지 않았고, 기존의 직업을 잃고 새 직업을 얻지 못한 것도 바로 그 때문이라고 했다.

"자기가 가진 모든 것을 이웃과 나눌 줄 아는 사람이었어요. 환경 문제와 관련된 일이라면 모든 시간을 바쳐 자원봉사를 했구요."

그는 결국 홈리스가 되었고, 지금은 전기자전거에 매단 작은 짐칸에 천막을 치고 살고 있다고 했다. 그러고 보니 창고 앞 주차장에는 짐칸이 달린 기다란 3륜자전거가 한 대 서 있었다. 짐칸은 한 사람이 겨우 누울 수 있을 정도였다.

"그래도 아직 지역사회에서는 신념에 따라 살고 있는 실천가로 존경을 받고 있답니다."

트럭에 장비를 다 싣고 난 바트는 아케이타 시의 프레쉬워터Fresh water 초등학교로 향했다. 지역의 초등학교에서 그의 장비들을 시범 보이는 장면을 촬영하자는 것은 그의 아이디어였다. 창고비를 못 낼 정도가 되기 전까지는 실제로 그런 행사를 자주 가졌다고 했다.

사람의 손으로 직접 과일을 갈아 주스를 만들어 먹는 일이 언제부터인가 마술이 되어버렸다.

학교에 도착하자 그는 학생들이 잘 볼 수 있도록 운동장 가장자리에 발전용 헬스자전거, 세탁기와 블렌더(믹서기)를 설치했다. 블렌더는 보통의 전동식 블렌더였는데, 페달을 돌리면 발전이 되어 모터가 작동하는 간단한 형태였다. 세탁기는 구형 세탁기의 모터를 떼어내고 벨트로 연결하여 페달로 직접 돌리는 방식이었는데, 세탁기 드럼이 정회전과 역회전을 자동으로 반복되도록 설계되어 있었다. 물살도 능히 빨래를 할 만한 정도로 보였다. 이 정도면 꽤 괜찮은 발명품이다.

점심시간이 되자 드디어 아이들이 모여들었다. 바트는 아이들이 직접 페달을 돌려보게 했는데, 바나나와 딸기가 블렌더에 갈리고 나면 그는 페달을 밟은 아이들에게 주스를 한 컵씩 따라주었다. 동력을 만들어낸 아이들에게 주는 일종의 선물인 셈이었다. 아이들은 너도 나도 페달을 돌려보겠다며 손을 들었다. 바트가 사용하는 세탁기는 데이비드 부처가 사용하던 드럼세탁기가 아니라 원통형 세탁기였기 때문에 아이들이 생산하는 힘으로도 잘 돌아가고 있었다. 압착식 탈수기가 달려 있어 탈수 모드의 부하도 없었다. 바트의 자상한 설명과 아이들의 열렬한 반응을 지켜보는 동안 나는 그에 대한 선입견을 적잖이 털어낼 수 있었다. 나는 문득 그의 대표적인 발명품이라는 인간 에너지컨버터를 볼 수 없게 된 것이 서운했다.

모든 가전제품에 페달을 달자!

 바 트 가 페 달 발 전 기 를 처음 만든 것은 1989년 뉴멕시코에서 '살기좋은 세상을 위한 지구촌 걷기 캠페인'에 참여하고 있을 때였다. 당시 바트는 헬스용 자전거에 자동차용 발전기를 벨트로 연결한 인력발전기를 만들어 산타페에서 열린 '재생 가능한 에너지 박람회'에 전시했다. 여기서 그는 윈디 덴코프를 만났다고 한다. 그녀는 의과대학 출신인 바트에게 영구자석이 내장된 직류발전기를 주면서 자동차용 교류발전기에 비해 직류발전기는 낮은 회전수로도 잘 작동한다는 점과 자동차용 발전기는 상당량의 출력을 전자석 코일에 쓰게 되므로 인력발전기에는 적합하지 않다는 점을 가르쳐주었다.

1991년 바트는 직류발전기로 개량한 인력발전기를 케이타 시 광장에서 열린 걸프전 반대집회의 확성장치에 사용했다. 1993년에는 홈불트 대학에서 열린 환경운동가 데이비드 브라우어 David Ross Brower 의 초청강연에서 사용했다. 강연이 열린 대형강의실에는 400명의 학생들이 앉아 있었는데, 당시 바트의 발전기는 여전히 1인승이었지만 상당히 개선되어 스케이트보드용 바퀴를 기어로 900rpm 이상의 회전수를 얻었고 평균 18V를 출력할 수 있었다고 한다. 바트의 인력발

평화와 연대를 외치는 목소리가 인간동력으로 증폭되어 더욱 크게 울려퍼지고 있다.

전기가 생산한 전기는 충전식 12V배터리를 거쳐 200W의 알파인 앰프와 역시 200W의 제이비엘 스피커를 거뜬히 구동하는 데 성공했다. 바트의 발전기를 본 학생들은 학교당국에 인간동력을 연구할 실험실을 제공해줄 것을 요청하여 학교측의 예산지원으로 인간동력 연구소인 'CCAT Campus Center for Appropriate Technology'를 설립했다. 이에 바트도 자원봉사자 자격으로 이 프로젝트에 참여하여 학생들과 함께 여러 가지 인간동력 장치들을 만들었다고 한다. 그들은 인력발전기의 다인승 모델인 인간에너지컨버터를 비롯해 콘서트발전기, 페달 세탁기 등을 개발하고 톱, 드릴, TV, VCR 등의 일상용품들을 인간동력으로 구현하는 실험을 했다.

인간에너지컨버터는 14명의 인원이 동시에 페달을 돌려 24V/1kW의 출력을 손쉽게 얻을 수 있는 대형 발전기였다. 이동을 위해 트레일러에 좌석과 페달을 장착하고 1995년부터 아케이타 시에서 열린 각종 야외콘서트와 대형 군중집회에서 스피커시스템을 작동시키는 데 사용되었다고 한다. 14명의 힘으로 작동되는 스피커가 감당할 수 있는 최대 군중은 4천 명이었다.

그날 프레시워터 초등학교에서 시연했던 페달세탁기를 비롯한 각종 가전제품의 페달동력도 CCAT 시절에 발명된 것들이었다. 바트의 동료들은 그가 인간동력으로 최대한의 효율을 얻기 위해 천재적인 아이디어를 많이 생각해냈다고 말한다. 그중 하나가 콘서트 발전기에 사용된 차폐 다이오우드다. 콘서트 발전기에 사용된 7대의 개별적인 발전기 사이에 다이오우드를 끼워넣음으로써 참여자는 각자의 페이스에 맞춰 페달을 돌릴 수 있게 되었고, 발전기가 배터리에서 전기를 끌어다 쓰는 역효율도 제거할 수 있었다고 한다. 이 콘서트 발전기는 2002년에 열린 이라크전 반대집회에서 4천 명의 군중을 대상으로 그 놀라운 효율을 입증했다. 14명이 하던 일을 7명이 감당하게 된 것이다.

하지만 바트와 CCAT의 화려한 시절은 여기까지였다. 학교당국이 CCAT를 폐쇄하고 그 자리에 다른 연구소를 세운 것이다. 보관장소가 마땅치 않게 된 바트의 발명품들은 이때 모두 폐기처분되었다고 한다. 우리가 직접 볼 수 있었던 세탁기와 블렌더는 그 와중에 간신히 구출한 것이라고 했다.

"훔볼트 대학이 CCAT를 포기한 이유가 뭡니까?"

나의 질문에 그는 끝까지 아무 대답도 하지 않았다. 아마도 대학측이 인간동력에 관한 연구가 상업성이 없다고 판단했기 때문이리라. 유가가 배럴당 20~30 달러를 유지하던 시절에 불과 5년 후에 5배로 급등하리라고 예상한 사람은 아무도 없었을 것이다.

프레시워터 초등학교에서 우리는 헤어졌다.

"제 장비들을 구해줘서 고맙습니다."

"고마운 건 오히려 저희들이죠."

우리는 만족할 만한 그림을 얻었고, 그는 이제 세탁기와 블렌더를 들고 다니며 계속 학교행사를 열어줄 터였다. 그리고 그의 시연을 구경한 아이들은 미래의 정책결정자로 자라나게 될 것이다. 다행히 그는 촬영이 있기 며칠 전에 그 지역의 태양열주택 회사에 취직이 되었다. 마침내 그의 '윤리의식'이 납득할 만한 직업을 구하게 된 것이다. 기름값이 가파르게 오르고 기후문제의 심각성이 피부로 느껴지면서 캘리포니아에서는 자발적으로 이산화탄소 배출량을 줄이려는 사람들이 늘고 있다고 한다. 그래서 태양열주택에 관심을 갖는 사람들도 점차 늘어나고 있다고 한다.

"이젠 직업도 생겼으니 좀 더 열심히 이런 행사들을 가질 수 있을 겁니다."

나는 진심으로 그의 취업을 축하해주었다.

인체, 휴경 없는 에너지농장

다큐멘터리를 준비하느라 독일의 신문을 검색하다가 그야말로 눈이 번쩍 뜨이는 기사 하나를 발견했다. 핸드폰이나 PDA를 손바닥 위에 올려놓기만 하면 체온으로 충전할 수 있는 '손바닥 발전'이 기술적으로 가능하다는 기사였다. 그로부터 석 달 후 나는 독일의 유명한 환경도시 프라이부르크에서 기사의 주인공인 하랄트 뵈트너Harald Böttner 박사를 어렵사리 만날 수 있었다.

뵈트너 박사는 이른바 '에너지 하비스트Energy Harvest' 분야의 전문가로 '프라운호퍼 인스티튜트Fraunhofer Institut'의 선임연구원이었다. 에너지 하비스트란 그냥 놔두면 사라져버리는 에너지들을 끌어모으는 기술을 말한다. 예를 들면, 기차가 터널을 통과할 때 나오는 바람으로 풍력발전을 한다든지 자동차가 과속방지턱을 넘어갈 때 발생하는 충격을 이용해 가로등을 켠다든지 하는 아이디어가 모두 에너지 하비스트 분야에 속한다.

뵈트너 박사는 자동차엔진이 연료를 태울 때 발생하는 에너지의 40%만이 동력으로 사용되고 나머지 60%는 열의 형태로 사라진다는 사실에 주목했다. 엔진을 빨리 식히기 위한 라디에이터 같은 냉각장치는 자동차의 핵심부품이다. 하지만 라디에이터가 대기중으로 흩

어버리는 열에너지의 일부 내지 전부를 전기로 바꿀 수만 있다면 엄청난 양의 에너지를 회수할 수 있을 것이다. 뵈트너 박사가 개발한 것은 일종의 열전모듈(Thermo-Module)로, n타입과 p타입의 반도체를 교대로 배치하여 연결한 판의 윗면과 아랫면에 온도차가 생길 때 그 사이에서 전기를 만들어낸다.

뵈트너 박사는 섭씨 300도 이상의 큰 온도차가 있을 때 아주 작은 반도체에서도 매우 큰 전기가 나온다는 것을 우리에게 실험으로 보여주었다. 이 전시용 모듈에 연결된 장난감 기차는 온도를 올릴수록 더 빨리 달렸다.

"다만 이 모듈이 엄청난 고가여서 아직은 실용성이 없습니다. 가뜩이나 비싼 차가 더 비싸진다는 거죠. 그래서 현재 생산단가를 낮추기 위한 연구가 계속되고 있습니다."

정공(正孔, Electron hole) 물질에 전류가 흐르는 것은 그 물질 속에 전기를 지닌 채 이동할 수 있는 운반체 즉, '캐리어(carrier)' 존재하기 때문이다. 대부분의 금속의 경우 음전하를 지니는 입자 즉, '전자'가 캐리어의 역할을 한다. 그런데 반도체의 경우에는 개념적으로 음전하뿐 아니라 '양전하를 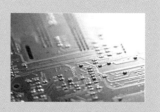 띠는 전자'의 존재도 인정해야 할 필요가 생긴다. 실제로는 존재하지 않지만 양전하를 띠고 캐리어의 역할을 하는 가상의 전자를 별도로 '정공'이라고 한다. 정공이란 말그대로 음전하인 전자가 지나가고 난 뒤의 공백 즉, '구멍'을 말한다. 금속처럼 캐리어가 주로 전자인 경우를 'n형 반도체'라고 하고, 캐리어가 주로 정공일 경우를 'p형 반도체'라고 한다. n형과 p형 반도체를 접합시키면 전자의 격한 이동으로 전기장, 전위, 전압 등의 차이가 생기게 되는데 이를 이용하면 다이오우드 등 여러가지 전류제어장치를 만들 수 있다.

그는 동일한 원리로 사람의 체온을 전기로 바꾸는 것도 가능하다는 것을 발견했다. 그는 우리에게 손바닥 발전용으로 고안했다는 또 다른 모듈을 보여주었다. 그가 손바닥을 모듈 위의 작은 금속판에 올려놓자 노트북에 연결된 전력측정장치의 바늘이 휙 돌아갔다. 그의 허락 하에 이번에는 내 손을 올려놓았더니 더 큰 전력이 측정되었다. 나는 원래 손이 심하다 싶을 정도로 따뜻한 편이다.

이 실험용 모듈은 손바닥 절반만 한 크기였지만, 반도체의 특성상 아주 작게 만드는 데 전혀 어려움이 없다고 했다. 손목시계 같은 기기에도 쉽게 장착할 수 있다는 의미였다.

"핸드폰이나 PDA에도 사용할 수 있을까요?"

손으로 쥐기만 하면 충전되는 핸드폰이 발명된다면 얼마나 멋진 일인가! 하지만 뵈트너 박사의 대답은 약간 실망스러웠다.

"그렇게 알려진 것은 언론이 과장한 것입니다. 손바닥 발전으로 발생시킬 수 있는 전기는 마이크로와트 단위에 불과합니다. 그런데 핸드폰은 밀리와트 단위의 전력을 필요로 하거든요."

"지금 당장은 아니더라도 앞으로 손바닥 발전의 효율이 증가하고 핸드폰의 전력소모량이 줄어들면 언젠가는 가능하지 않을까요?"

나로서는 아마도 인터넷에서 발견한 신문기사의 충격이 쉽게 가시지 않았던 모양이다.

"향후 20년 이내로는 불가능합니다. 대신에 이 기술은 의료기기 분야에서 신기원을 이룰 수 있을 겁니다. 예컨대 심전도기를 무無전원으로 만들 수도 있고, 환자의 체온과 심박동 데이터를 무선으로 모니터링할 수 있게 될 겁니다."

우리 세대가 손바닥 온기로 충전되는 핸드폰과 PDA를 사용하지 못하게 된 것은 여전히 유감이었지만, 뵈트너 박사 덕분에 인간의 미세에너지도 얼마든지 유용한 동력원이 될 수 있다는 사실을 알게 된 것은 꽤 의미있는 소득이었다.

미세에너지를 효율적으로 이용할 수 있게 되면 특히 개인용 휴대기기들이 가장 먼저 변화될 것이다. 최근 휴대형 전자제품들의 사용이 크게 늘면서 특히 제품 디자이너들을 괴롭히는 것이 바로 배터리 문제라고 한다. 기기의 능력을 향상시키려면 배터리의 용량확대가 불가피하지만, 멋진 외관을 추구하는 디자이너들에게 배터리팩은 눈엣가시 같은 존재다.

이론적으로 인간은 대부분의 휴대형 전자제품들에 필요한 전력을 안정적으로 공급할 수 있는 다양한 종류의 에너지를 발산한다. 앉아 있는 성인 한 명이 내는 체온을 모두 모아 전기로 바꾼다면 116W에 이른다. 물론 온몸을 반도체모듈로 감싸는 것이 가능하지도 않을 뿐더러 땀이 증발하거나 호흡을 하는 동안에도 체온은 대기중으로 휘발되지만, '하비스트'가 가능한 체온만으로도 꽤 상당한 에너지를 얻을 수 있다. 실제로 수확이 가능한 체온전력은 목걸이 형태로는 0.2~0.3W, 모자 형태로는 0.6~0.9W 정도라고 한다. 목에 걸고 다니는 MP3P는 이론적으로 무전원이 가능하다는 얘기다.

신체에너지 하비스트는 출력이 다소 약하지만 페달이나 크랭크를 돌릴 필요가 없으므로 편리하다는 장점이 있다. MIT 미디어랩의 조셉 파라디소 Joseph A. Paradiso 교수는 이용자가 의도적으로 노력하지 않는다는 점에서 이러한 신체에너지 하비스트 방식을 '기생전력' 이라고 표현했다. 기생전력은 체온 이외에도 호흡, 혈압, 팔 흔들림 등에서 하비스트가 가능하다. 사람의 날숨에서 발생하는 공기압으로부터 0.4W, 혈압에서 0.37W, 대화를 나누거나 걸을 때 무의식적으로 흔드는 팔의 움직임에서는 0.33W 정도를 수확할 수 있다고 한다.

휴먼 기생전력

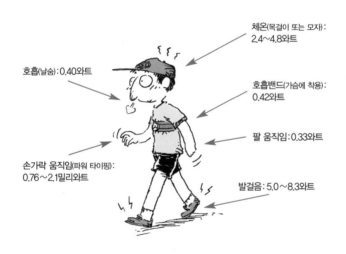

체온(목걸이 또는 모자):
2.4~4.8와트

호흡(날숨):0.40와트

호흡밴드(가슴에 착용):
0.42와트

팔 움직임:0.33와트

손가락 움직임(파워 타이핑):
0.76~2.1밀리와트

발걸음:5.0~8.3와트

(출처: 'Human Generated Power for Mobile Electronics', Thad Starner & Joseph A. Paradiso)

이러한 기생전력을 효율적으로 활용하면 다양한 기기들을 더욱 편리하게 변모시킬 수 있다. 예를 들어 손가락이 키보드를 두드릴 때 생기는 압력과 충격은 컴퓨터 본체에 키입력 신호를 무선으로 보내고도 남는다.

매순간 속절없이 사라져버리는 인간에너지는 우리의 일상생활 도처에 널려 있다. 손가락을 한 번 움직이는 정도의 마이크로와트급 에너지도 잘 활용하기만 한다면 의외로 매우 편리한 에너지원이 될 수 있는 것이다. 실제로 미세한 기생전력을 활용하여 큰 비용절감을 실현한 사례가 독일에 있었다.

손가락끝에 숨어 있는 에너지상상력

"이 건물은 인간동력 빌딩입니다. 보여드리지요."

독일 오버하싱Oberhaching의 한 빌딩에 입주해 있는 엔오션EnOcean 사의 사장 마쿠스 브렐러Markus Brehler는 우리를 평범해 보이는 사무실 안으로 안내했다. 그는 벽면의 전등스위치를 켜더니 그 스위치를 벽에서 떼어냈다. 놀랍게도 스위치를 떼어낸 벽면에는 마땅히 있어야 할 전선이 전혀 보이지 않았다.

"보시다시피 스위치 뒤쪽에 전선이 없습니다. 스위치에 내장된 배터리도 없습니다. 이 스위치는 사람의 손가락 힘을 이용해 무선으로 작동합니다. 이 건물의 모든 전등과 커튼이 인간동력 스위치로 작동합니다."

그가 사장이자 수석엔지니어로 있는 엔오션은 배터리 없이 무선신호를 전송하는 기술을 연구하는 벤처기업이었고, 그는 이 아이디어를 처음 낸 당사자였다. 엔오션이 개발한 무선스위치의 원리는 사람이 손가락으로 딸깍 하고 스위치를 누르는 바로 그 순간에 전기를 수확하여 전파신호로 전등을 켜고 끄는 것이다. 스위치 안에는 작은 코일과 영구자석이 들어 있다. 사람이 스위치를 누르면 200mWsec의 전기가 순간적으로 발생한다. 이것은 100만 번을 반복해야 겨우

손가락 하나 까딱하는 것만으로 32km의 전선과 25,000개의 건전지, 20%의 난방비를 절약할 수 있다면?

1초 동안 전구를 밝힐 수 있는 전력량이다. 그야말로 '미세한' 에너지에 불과하지만 짧은 무선신호를 보내고 마이크로프로세서를 잠깐 동작시키는 데는 충분하다.

그런데 마커스 브렐러의 득의에 찬 설명을 듣는 동안 나는 오히려 혼란스러워졌다. 참신한 발상인 건 분명하지만, 그 정도로 미세한 에너지라면 절감되는 에너지의 양도 미세하다는 얘기가 아닌가! 나의 떨떠름한 표정을 읽은 건지 아니면 브리핑의 정해진 수순이 원래 그랬던 건지 몰라도 이어지는 마커스의 설명은 정확히 나의 의구심을 겨냥하고 있었다.

"이 스위치가 의미있는 이유는 건물의 내부배선용 전선을 획기적으로 줄일 수 있다는 점에 있습니다. 보통 한 개의 전등스위치는 일반적인 상업용 빌딩에서 평균 7m의 전선을 필요로 합니다. 하지만 건물 전체에 이런 인간동력 스위치를 사용하면 수십km의 전선을 절약할 수 있습니다. 우리가 입주해 있는 빌딩에서만 32km의 전선을 절약했습니다. 물론 미관과 편의 때문에라도 무선스위치를 채택한 건물들은 많습니다. 하지만 기존의 무선스위치는 건전지를 필요로 합니다. 이 빌딩에만 4,000개의 스위치가 있습니다. 각 스위치마다 5년에 한 번씩 전지를 교체한다고 했을 때, 그리고 건물이 25년간 유지된다고 했을 때 무려 25,000개의 건전지가 필요합니다. 25,000개의 폐전지는 환경에 매우 나쁩니다."

마커스는 다른 방으로 우리를 안내했다. 투명한 유리벽면에 스위치들이 달려 있었다. 전선을 사용하지 않으므로 유리면에도 스위치를 쉽게 탈부착할 수 있다는 것을 잘 보여주고 있었다. 빌딩 내의 칸막이 공사를 할 때도 비용을 절감해준다는 의미이기도 했다.

"인간동력 무선스위치는 홈오토메이션 시스템에 적용해도 매우 큰 이득을 볼 수 있습니다. 지금 이 방에는 창문손잡이와 보일러를 무선으로 연결해놓고 있습니다. 전등스위치와 같은 원리로 사람이 창문손잡이를 돌리면 무선신호가 발생해서 이 방의 창문이 열려 있거나 닫혀 있음을 보일러의 오퍼레이팅 시스템에 알려주게 됩니다. 창문이 열리면 보일러는 작동하지 않습니다. 이런 방식으로 건물 전체의 열손실을 줄이면 난방비의 20%를 절감할 수 있습니다."

200mW에 불과한 미세에너지에 내포되어 있는 의미는 결코 미세하지 않았다. 스위치를 누르는 손가락 힘으로 수만 개의 전지를 퇴출

시키고, 창문손잡이를 돌리는 손목 힘으로 난방비의 20%를 절감할 수 있다면 과연 '인간동력 빌딩'을 표방할 만하다는 생각이 뒤늦게 들었다.

'발자국 에너지'를 아십니까?

엔 오 션 취 재 를 마친 후 우리는 곧바로 영국으로 날
아가 트레버 베일리스Trevor Baylis를 만났다. 그는 이미 오
래전부터 인간의 미세에너지를 활용할 수 있는 제품들을 발명해왔
다. 그중에서도 그를 유명인사로 만든 것은 태엽식 라디오였다. 1991
년에 그는 태엽을 감아놓으면 발전기가 돌면서 자동충전되는 커다란
검정색 라디오를 선보였다. 한 번 태엽을 감으면 30분 동안 라디오를
켤 수 있었다. 아프리카의 심각한 에이즈 문제가 일차적으로 '정보
부족' 때문이라는 분석을 뉴스에서 접한 이후로 그는 건전지를 구할
수 없는 지역에서도 사용가능한 라디오를 만들겠다고 결심했다. 현
재 트레버의 라디오는 다양한 크기는 물론 랜턴과 동영상플레이어를
장착한 컨버전스 형태까지 나오고 있다.

하지만 우리가 트레버를 찾아온 것은 라디오 때문이 아니었다. 그
에게는 세상에 내놓지도 못하고 실패한 발명품이 하나 있었다. 내가
요청하자 그는 이층에서 등산화 한 켤레를 들고 내려왔다. 신발 한
쪽에 달린 작은 파우치 안에는 검정색 배터리팩이 하나 들어 있었다.
이 신발을 신고 다니면 파우치에 든 핸드폰 배터리가 자동충전된다.
1마일(1.6km)을 걸으면 일반적인 전화통화를 네 차례 할 수 있다고

충전신발에 달려 있는 파우치와 배터리팩은 '기생전력'이라는 표현이 딱 어울릴 만큼 깜찍하고 기특한 모습이다.

한다.

"전기가 없는 아프리카 나미비아의 오지에 열흘간 체류하면서 이 신발을 신고 매일 영국으로 전화를 걸었습니다. 투자자들에게 이 신발이 진짜로 작동한다는 걸 증명하기 위한 이벤트였지요."

그런데 나미비아에서 영국으로 돌아온 직후 미국에서 911사태가 발발했고, 투자와 상품화는 전면중지되었다. 전자회로를 넣은 신발을 신고 다니다가는 테러리스트로 의심받아 경찰에 체포되기 십상이었다. 결국은 아무도 이런 신발을 사지 않을 터였다. 하지만 베일리스는 한동안 중단되었던 충전용 신발 사업을 최근 다시 재개하고 있다.

에너지의 규모와 상관없이 운동에너지가 전기에너지로 바뀌려면 발전기가 필요하다. 비밀은 신발바닥에 있었다. 발이 땅에 닿을 때마다 신발 밑창에 깔려 있는 압전섬유가 전기를 발생시켜 배터리를 충전하는 것이다.

"압전섬유를 사용한다는 것 이외의 자세한 기술적 사항은 비밀입니다."

압전섬유는 사람의 발바닥이 지면에 닿는 짧은 순간에 발생하는 충격에너지를 80W 정도의 전기에너지로 수확할 수 있다고 한다. 그렇다면 한 사람이 아니라 여러 사람의 발바닥이라면 어떨까?

트레버는 '발자국 에너지'를 모아서 사용해보자는 아이디어를 세계에서 맨 처음 낸 사람이다. 비록 911사태로 실용화되지는 못했지만 그의 아이디어는 다른 연구자들에게 영감을 주기에는 충분했다. 영국과 미국, 일본에서 거의 동시에 '크라우드 팜Crowd Farm'이라고 불리우는 인간동력 발전기술을 연구하기 시작한 것이다. 크라우드 팜이란, 지하철역이나 광장 같이 사람들의 통행이 많은 곳에서 군중의 발자국 충격을 모아 일종의 소규모 발전소를 만들어보자는 아이디어다.

도쿄 역의 발전마루

 나 는 크 라 우 드 팜의 연구성과가 현재 어느 수준에 와 있는지 궁금했다. MIT는 군중의 발걸음에서 나오는 충격을 전기 형태로 변환하는 발전기를 개발중이었고, 영국의 퍼실리티 사는 빌딩의 층간 미세진동을 전기에너지로 변환하는 방법을 연구기관에 의뢰해놓은 상태였다. 우리는 이들을 취재하기 위해 많은 애를 썼지만 번번이 아직 공개할 단계가 아니라는 답신을 받아야 했다. 그런데 취재가 거의 끝나갈 무렵 우리는 일본의 전철역에서 크라우드 팜 기술을 현재 실험중이며 상용화를 코앞에 두고 있다는 사실을 알게 되었다. 이 프로젝트에는 '발전마루'라는 재미있는 이름이 붙어 있었다.

도쿄 역의 발전마루는 2008년 1월 19일부터 3월 초까지 실험을 계속할 예정이라고 했다. 직접 찾아가 보니 JR 사와 게이오 대학이 공동프로젝트로 도쿄 역 야에스 북측 출구에 발전마루를 설치해놓고 있었다. 설치면적은 통로와 계단 부분에 이르는 90m², 발생하는 전기량은 500kWsec로 100W짜리 전구를 80분간 켤 수 있고 전철역 개찰구 하나를 하루 종일 운용할 수 있는 양이다. 발전마루가 설치된 계단의 한쪽 구석에는 오가는 사람들도 볼 수 있도록 전력측정기가

"개찰구나 조명 등 전철역 내부에 필요한 전기의 상당부분을 발전마루로 충당하는 것이 목표랍니다."

설치되어 있었다.

　JR이 이런 프로젝트를 추진하는 이유는 친환경에너지인데다 비상시 독립전원으로서의 가능성을 크게 보기 때문이다. 게이오 대학 환경정보학부 타케후지 요시야스 교수가 이 아이디어의 착안자였다. 요시야스 교수는 스피커의 원리에 주목했다. 스피커는 전기를 진동으로 변환시켜 소리를 만들어낸다. 그렇다면 역으로 진동을 전기로 만드는 것도 가능하지 않겠느냐는 생각이었다. 요시야스 교수는 사람이 가장 많이 다니는 전철역에서 실험을 하기 위해 JR측에 사업을 제안했고, JR이 이를 받아들이면서 비로소 프로젝트가 시작되었다.

　요시야스 교수의 발전마루는 스피커에 들어가는 것과 유사한 동전 크기의 압전소자 수천 개를 바닥에 깔아놓은 형태다. 이 압전소자는 진동이 발생할 때마다 전기를 만들어내는데, 요시야스 교수는 자신의 연구실에서 압전체를 손가락으로 튕기면 전기가 만들어진다는 것을 우리에게 직접 보여주었다. 중요한 것은 2006년에도 같은 실험을 했지만 2008년의 실험에서는 그때보다 10배나 많은 전기를 만드는 데 성공했다는 점이다. 효율이 2년 만에 10배로 증가한 것이다.

"몇 년 내에 지금보다 1,000배쯤 높은 효율의 발전마루가 개발될 것입니다. 그렇게 되면 10m² 넓이의 발전마루로 출입구 10개짜리 개찰구 한 세트를 풀가동할 수 있게 됩니다."

요시야스 교수의 연구실 앞 복도에도 작은 발전마루가 깔려 있었다. 요시야스 교수가 가볍게 밟자 게이지 형태로 설치된 바로 옆의 LED에 불이 들어왔다. 여러 명이 밟으니 더 환하게 불이 켜졌다. 이번 취재중에 보았던 인간동력장치들 가운데 가장 인상적인 효율이었다. 만약 그의 장담대로 현재보다 효율이 1,000배쯤 좋아진다면 실로 '에너지 혁명'이라고 할 수도 있을 것이다.

서울 신도림역은 환승통로와 각 출구의 계단만 2,000m², 하루 유동인구는 45만 명에 이른다. 여기에 지금보다 효율이 1,000배 개선된 발전마루를 깔면 하루 2,600kWhr의 전기가 만들어질 것이다. 전동차 운행에 필요한 고압전력을 제외한 대부분의 역내용 전기는 승객들의 발걸음만으로 충당될 수 있다는 계산이다.

지속가능한 인해전술?

사 람 들 의 통행이 많은 곳이라면 어디든 크라우드 팜이 될 수 있다. 일본의 발전마루가 지하철 환승통로를 첫 실험지로 택한 것도 도쿄에서는 그보다 더 집중적으로 사람들의 발걸음이 몰리는 곳이 없기 때문이다. 베니스였다면 운하 사이에 난 다리들이 크라우드 팜의 일차적 실험지가 되었을 것이고, 파리의 기술자들은 샹젤리제 거리를 떠올렸을 것이다.

네덜란드의 기술자들은 최초의 크라우드 팜으로 댄스클럽을 떠올렸다. 암스테르담에서 한 시간 정도 떨어진 작은 도시 로터담^{Rotter-}dam에서는 세계최초의 '발전형 댄스클럽'이 2008년 9월 오픈을 목표로 목하 준비중이다. 댄스클럽을 가득 메운 젊은이들의 활기찬 스텝을 모두 에너지로 모아보겠다는 야심찬 계획이다. 프로젝트의 이름은 '지속가능한 댄스클럽'.

댄서 한 사람의 화려한 스텝은 대체 어느 정도의 에너지를 생산할수 있을까? 지속가능한 댄스클럽의 기획자 미셸 슈미트^{Michel Smit}는 재미있는 대답을 들려주었다.

"손님 1인당 20~100W까지 전기를 만들어낼 수 있어요. 춤추는 사람의 몸무게, 음악의 템포, DJ의 능력에 따라 많이 달라질 겁니다."

음악의 템포가 빠를수록 더 많은 전기가 생산된다. 누가 춤바람을 감히 타락이라 말하는가.

    미셸이 사무실에 설치되어 있는 1m² 정도 넓이의 실험용 댄싱플로어에 올라가 가볍게 춤을 추자 플로어 바닥의 LED가 화려하게 명멸하기 시작했다. 그는 플로어를 뒤집어 그 어떤 전기장치에도 연결되어 있지 않음을 확인시켜주기까지 했다.

    30대의 젊은 사업가 미셸은 인간동력 댄스클럽에 관한 자신의 아이디어가 언론의 주목을 받게 되자 다니던 회사도 그만두고 과감히 사업화에 뛰어들었다. 우리가 그를 만났을 때 그는 이미 뉴욕과 상파울로를 비롯해 세계 10여개국의 디스코텍 등으로부터 발전형 댄싱

플로어를 설치해달라는 러브콜을 받고 있었다. 세계최초로 오픈될 예정인 로터담의 댄스클럽은 지하1층 지상3층의 대형 나이트클럽으로 무려 1,500명을 수용할 수 있도록 설계되었다고 한다. 그는 2012년까지 100개 정도의 지속가능한 댄스플로어를 공급한다는 목표를 세워놓고 있었다.

"젊은이들에게 '지속가능하다'는 개념이 얼마나 재미있을 수 있는지 보여줄 겁니다. 그렇게 하면 더 많은 젊은이들에게 영감을 줄 수 있을 겁니다. 그것이 지속가능한 댄스클럽의 목표입니다."

한편, 홍콩의 번화한 금융가 뒤쪽으로 즐비한 식당들 사이에는 '캘리포니아 피트니스'라는 헬스클럽이 있다. 촬영이 거의 막바지에 이를 무렵인 2008년 2월, 나는 직접 소형 HD캠코더를 들고 혼자 이곳을 찾았다. 헬스클럽 앞 기둥에는 대문짝만 한 글씨로 '인간동력(Energy by People)'이라고 쓰여 있었다. 실제로 이 헬스클럽은 회원들의 운동에너지를 전기로 바꾸어 사용하자는 아이디어를 세계최초로 현실화한 곳이었다. 애초에 내가 이런 다큐멘터리를 기획하게 된 계기도 헬스클럽에 있었던 만큼 나는 이곳을 직접 눈으로 확인하고 싶었다.

이 헬스클럽에는 러닝머신 20대와 스테퍼 20대가 설치되어 있었다. 그중에서 스테퍼 14대가 바로 전기를 만드는 발전형 운동기구였다. 헬스클럽에서는 발전형 운동기구들만 따로 모아 'Powered by You'라고 이름붙인 별도의 존을 운영하고 있었다. 회원들이 운동을 하면 운동기구에 내장된 발전기가 전기를 만들고, 바로 이 전기로 헬스클럽의 형광등과 TV모니터를 켜고, 그래도 남는 전기는 배터리에 저장한다. 내가 갔을 때는 회원들이 많지 않은 시간대여서 헬스클럽의 젊은 트레이너들이 촬영을 위해 기구들을 돌려주었다.

6명의 직원이 동시에 스테퍼를 밟기 시작하자 곧바로 머리 위의 형광등이 켜졌다. 발전량은 전력계를 통해 실시간으로 확인할 수 있었다. 한 사람이 스테퍼 위에서 만들어내는 전기는 시간당 50Whr 정도였다. 데이비드 부처의 페달발전기보다는 약간 떨어지는 수치였는데, 이는 부드러운 동작을 위해 발전효율을 약간 희생시켰기 때문이란다. 그럼에도 불구하고 역시 여러 명이 동시에 운동할 때 출력되는 파워는 대단했다. 14대의 스테퍼를 가동하면 헬스클럽 내의 모든 형광등과 LCD모니터를 켤 수 있는 전력량이 생산된다고 한다. 대동단결과 품앗이의 미덕을 재발견한 느낌이었다면 지나친 과장일까?

인류는 힘든 일을 할 때면 늘 함께 모여서 일했다. 페달발전기로 세탁기를 작동시켜본 후 데이비드 부처는 "세탁기 같이 힘든 기계는 품앗이 형태로 하면 재미있을 것 같다"고 말했었다. 두 사람이 힘을 합쳐서 두 집 빨래를 차례로 하자는 것이다. 이렇게 하면 세탁기를 구동하는 데 충분한 전력이 나올뿐더러 힘도 훨씬 덜 들 것이다. 무엇보다 빨래가 즐거워질 것이다. 버스사이클의 경우도 7명 정도로 구동은 가능했지만 페달이 다소 뻑뻑한 느낌이었고, 최대인원인 14명이 탑승하자 비로소 가볍게 움직이기 시작했었다.

"2006년에 시작한 인간동력 존은 아직 실험단계이지만 앞으로 다른 체인점으로 계속 늘려갈 계획입니다. 베이징에서도 이미 시작하

서울에 있는 모든 헬스클럽에 발전형 운동기를 설치하고 서울시민 모두가 하루 30분씩 운동을 하면 30만kWhr, 화력발전소 하나와 맞먹는 전기를 만들어낼 수 있다.

고 있어요."

헬스클럽의 부사장 로키 차우Rocky Chow의 말을 들으면서 나는 '인해전술'이라는 말을 떠올렸다. 한 사람이 일 년 동안 매일 한 시간씩 인간동력 운동기구로 운동하면 총 18.2kW의 전기를 생산할 수 있고 4,380*l*의 이산화탄소가 방출되는 걸 막을 수 있다. 만약 서울시민 모두가 하루 한 시간씩 인간동력 헬스클럽에서 운동을 한다면 하루 30만kWhr, 화력발전소 1기 분의 전력을 만들어낼 수 있다. 클라우드 팜, 지속가능한 댄스클럽, 그리고 인간동력 헬스클럽은 인력발전에 말그대로 '인해전술'이 절실히 필요하다는 것을 우리에게 가르쳐 주고 있었다.

8

차라리
추락을 기뻐하라

에너지를 지금보다 적게 쓰는 것이 꼭 퇴보일 이유는 없다. 새롭고 무한한 가능성이 아직은 우리 앞에 열려 있다. 이것이 우리가 '추락'을 기뻐해야 할 이유다.

HUMAN POWER

쿠바와 북한이 던져준 교훈

비프스테이크 1인분 340g을 생산하기 위해 3만 2,900cal의 화석연료를 쏟아붓는 세상에서 우리는 살고 있다. 화석연료의 대부분은 석유이지만, 석유생산의 정점이 오고 있다는 사실에는 의심의 여지가 없다. 다만 그것이 언제인가의 문제가 남아 있을 뿐이다. 1인당 가용에너지가 현저히 감소한 미래의 어느 시점에 우리가 당면하게 될 문제들 중에서 지금 가장 우려되는 것은 식량문제다. 오늘날 우리가 먹는 음식들은 화학비료, 농약, 농기계를 통해 재배되고 있으며 호주, 뉴질랜드는 물론 지구상으로 한국과 정반대의 대척점에 위치한 칠레에서도 실어오고 있다. 어느날 갑자기 석유가 사라져버린다면 우리의 식탁은 과연 어떻게 될까?

석유가 모자라면 우리들은 꼼짝없이 앉아서 굶어죽게 될까? 아니면 지금처럼 풍족하지는 못해도 그런대로 먹고살 정도로는 유지할 수 있을까? 그것은 가용에너지가 어느 수준까지 감소하느냐에 따라 달라질 것이다. 석유정점이론에 따르면, 석유는 어느날 갑자기 사라지는 고원 형태의 그래프가 아니라 서서히 줄어드는 종형 곡선을 보일 것이다. 우리가 우려해야 할 문제는 석유가 어느날 갑자기 사라져버리는 상황이 아니라 급격히 상승한 유가로 인해 충분한 석유를 구할 수 없게 되는 상황이다.

그런데 이러한 문제와 관련하여 두 나라가 매우 좋은 대비모델을 제시하고 있다. 다름아닌 북한과 쿠바다. 북한과 쿠바는 소련과 동구권의 갑작스런 붕괴와 서구의 경제봉쇄·무역제제 때문에 인위적인 석유정점상황을 겪어야 했다. 그러나 두 나라는 서로 전혀 다른 길을 걸었다. 결과적으로 한 나라는 계속되는 기근을 경험하고 있고, 다른 한 나라는 심각한 기근에서 탈출하여 풍족함의 단계에 근접하고 있다. 이처럼 극적인 차이는 부분적으로 기후의 차이에서 오는 것이기도 하지만 근본적으로 정책의 차이에 기인한 것이다. 북한이 1989년에 시작된 에너지위기에도 불구하고 기존의 농업방식을 그대로 유지한 반면 쿠바는 오늘날 우리가 '지속가능한 농업'이라고 부르는 것과 동일한 영농형태로의 이행을 추진했다.

1990년대 북한에 몰아닥친 심각한 기근사태를 두고 사람들은 흔히 김정일 지배체제를 문제삼지만, 사실 그 이면에는 더욱 근본적인 문제가 숨겨져 있다. 북한이 매달렸던 '산업적 화학영농'의 실패다. 북한은 수입농기계, 화학비료, 농약을 기반으로 하는 녹색혁명의 모델을 따라 농업을 발전시켜왔다. 토양의 질이 떨어지는 문제가 있긴 했지만 이러한 산업적 영농방식은 북한주민들에게 필요한 식량을 충분히 공급할 수 있었다. 그러던 중 갑자기 1989년 동구권이 붕괴했고, 석유와 농기계 부품과 비료의 공급이 급감했다. 그러자 곧바로 기근이 발생했다. UN식량농업기구의 1998년 보고서는 당시 북한 농촌의 상황을 이렇게 묘사하고 있다.

"기계화된 북한의 농업은 농기계류의 4/5가 고장난 상황에서 심각한 고통을 겪고 있다. 부품 조달이 안되고 디젤유가 부족하기 때문이다. 트럭이 모자라 추수된 곡식더미가 논밭에 장기간 방치되어 있다."

북한의 농업은 위기상황에서도 전혀 변화하지 못했다. 결과적으로 북한의 식량위기는 아직도 해결되지 않고 있다. 석유정점 이후

쿠바의 수도 아바나의 도심 한복판에서도 경작지들은 쉽게 눈에 띈다. 이른바 '도시농업(urban agriguture)' 이다.

많은 나라들이 북한과 비슷한 문제를 경험하게 될 것이다.

쿠바도 북한과 비슷한 상황에 처해 있었다. 어떤 면에서 쿠바는 북한보다 더욱 심각한 상황이었다. 1989년 이전까지 북한은 대부분의 주요곡물을 자급하고 있었던 반면 쿠바는 57%의 식량을 수입에 의존하고 있었다. 대신에 쿠바의 농업은 수출용 사탕수수 재배에 집중되어 있었다. 그러던 중 소련 및 동구권이 붕괴되고 미국이 경제봉쇄를 한층 강화하자 쿠바는 무역량의 85%를 잃고 농업에 대한 화석연료 투입량은 절반 이하로 감소했다. 식량위기가 최악의 상황이었을 때 쿠바인들은 바나나 한 개와 어린아이 주먹만 한 배급빵 한 개로 하루를 버텨야 했다. 당시 나는 아나바에 가서 한 중산층 가족의 저녁식탁을 촬영한 적이 있다. 그 가족은 콩 한 줌으로 만든 스프를 바

바나 위에 얹어 스테이크처럼 칼로 썰어 먹었다. 식탁 위에 놓인 꽃병 속의 장미 한 송이만이 이 가족이 한때 누렸을 풍요와 행복을 증언해주고 있었다.

생존의 위기상황에 처한 쿠바는 국가적 차원에서 농업의 구조개혁에 나섰다. 쿠바의 농업은 퍼머컬처, 도시농업, 가축동력, 생물학적 비료 및 해충 구제 등 다양한 형태의 유기농으로 구성되어 있다. 오늘날 쿠바는 세계에서 가장 생태적인 농업을 유지하고 있는 나라일 것이다. 1990년의 석유위기 이전부터 쿠바의 과학자들은 화학물질의 과다사용으로 인한 부정적 영향을 개선하기 위한 목적으로 농업용 화학물질의 생물학적 대체품을 연구해오고 있었다. 그들은 두 단계의 기술개발 프로그램을 구상했다. 첫번째 단계는 소규모의 지역영농 기술이었다. 두번째 단계는 바이오비료와 자연농약을 사용하는 대규모 산업영농 기술이었다. 이러한 기초작업이 있었기에 쿠

퍼머컬처(permaculture) 'permanent'와 'agriculture'를 결합한 개념으로, 자연생태계와 인간의 공존을 가치로 내세워 친환경농업과 주택주거단지를 결합하는 등의 대안공동체 실험에 중요한 이론적 지침이 되고 있다. 자연환경에 대한 인간의 영향을 최소화하는 대신 자연이 주는 여유와 풍요로움을 누리는 단순하고 소박한 삶을 추구한다는 취지의 생태도시·생태마을과 쿠바의 '도시농업' 등이 퍼머컬처의 범주 안에 있다. 그런 의미에서 퍼머컬처의 'permanent(영속적인)'라는 개념은 'sustainable(지속가능한)'이라는 개념으로 대체할 수도 있겠다.

바는 1990년대 석유위기의 초기단계에서부터 곧바로 농업용 바이오 물질의 생산과 공급을 시작할 수 있었다. 1991년에만 쿠바 각지에 280개소의 유기농센터가 설립되었다. 기존의 대형 국영농장들은 소규모의 협동농장들로 분할되었다. 기계식 농장에서 인간동력형 농장으로 변신한 것이다.

화학비료와 농약을 대체하기 위한 바이오물질을 개발하는 대안적 기술의 형태에서 출발한 쿠바의 유기농은 현재 토양의 지력을 유지하는 혼합영농의 형태를 띠며 농업의 생태적 균형을 찾는 데 주력하고 있다. 지역사회의 노동력에 바탕을 둔 작은 농장들이 성공하려면 사람들의 수준을 단순노동자에서 세련된 농부로 끌어올려야 한다. 쿠바의 유기농업은 교육시간의 50% 이상을 실질적인 노동에 할애하는 철저한 현장교육을 통해 계속 확대재생산되고 있다.

석유정점이 다가오면 지구촌의 식량시스템은 그 기반부터 흔들릴 것이다. 1990년대 쿠바와 북한이 겪어야 했던 것과 똑같은 문제들을 우리도 고스란히 겪게 될 것이다. 그렇지 않아도 현재 제3세계 국가들 중 일부는 이미 구조적인 식량문제를 겪고 있는 실정이다. 하지만 쿠바의 사례는 석유 없이도 농업생산을 유지하는 것이 가능하며 오히려 더 나은 농산물의 공급도 가능하다는 것을 보여준다. 이미 말했듯 석유는 어느날 갑자기 사라져버리지 않을 것이다. 다만 점점 가격이 높아져 갈수록 농업에 사용되기 힘들어질 뿐이다. 바로 이것이 우리가 1990년대의 쿠바나 북한보다 유리하다면 유리한 점이다. 최소한 미리 준비하고 대비할 시간은 있는 셈이다. 다만 석유정점은 전

지구적인 문제이므로 북한처럼 다른 나라의 원조를 받지는 못할 것이다.

가용에너지의 감소는 인류문명에 닥친 커다란 도전이다. 이 도전을 지혜롭게 극복한다면 우리는 20세기보다 훨씬 나은 미래를 건설할 수 있다. 농업 분야에서 쿠바가 보여준 놀라운 성과는 화석연료를 기반으로 한 외부에너지의 투입 없이 자급적 농업이 얼마든지 가능하다는 것을 보여준다. 에너지를 지금보다 적게 쓰는 것이 꼭 퇴보일 이유는 없다. 새롭고 무한한 가능성이 아직은 우리 앞에 열려 있다. 이것이 우리가 '추락'을 기뻐해야 할 이유다.

저에너지 사회의 생존법

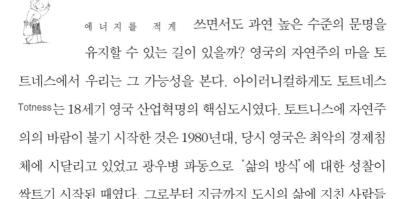

에 너 지 를 적 게 쓰면서도 과연 높은 수준의 문명을 유지할 수 있는 길이 있을까? 영국의 자연주의 마을 토트네스에서 우리는 그 가능성을 본다. 아이러니컬하게도 토트네스 Totness는 18세기 영국 산업혁명의 핵심도시였다. 토트니스에 자연주의의 바람이 불기 시작한 것은 1980년대, 당시 영국은 최악의 경제침체에 시달리고 있었고 광우병 파동으로 '삶의 방식'에 대한 성찰이 싹트기 시작된 때였다. 그로부터 지금까지 도시의 삶에 지친 사람들이 토트네스로 속속 되돌아오면서 오늘날 이곳은 대안적인 삶을 실험하는 대표적인 마을이 되었다.

토트네스의 방식은 '지역경제'라는 말로 대표된다. 작은 도심을 중앙에 둔 전원지역으로 이루어진 토트네스는 우리나라의 광명시만 한 크기의 도시다. 토트네스는 그 지역에서 나온 농산물만으로 자급자족한다. 커피와 초콜릿 같은 예외가 없는 것은 아니지만 대부분의 음식물은 그 지역에서 생산한 것들이다. 물론 이 지역의 농장들은 대부분 유기농이다. 도심에서 19km 떨어진 곳에 자리한 리버포드 농장은 영국의 가장 대표적인 유기농 농장이기도 하다. 지역공동체 내부에서 생산과 소비가 주로 이루어지므로 상인이나 소비자나 장거리를 이동할 필요가 별로 없다. 그래서 토트네스에서는 자전거만으로 모든 비즈니스가 가능하다.

토트네스는 미래의 저에너지 사회가 어떤 모습이어야 하는지를 잘 보여준다. 바로 로컬푸드, 로컬서비스, 로컬에너지로 대표되는 '느슨하게 독립된 지역경제공동체'다. 이런 곳에서는 대부분의 식품과 서비스를 자급하지만 장거리수송이 부분적으로 윤활유 역할을 담당한다. 토트네스가 자랑하는 세계적 브랜드 '그린 슈즈'가 뉴욕으로 수출되는 것이 바로 그러한 예에 해당한다. 토트네스에는 시내를 흐르는 도랑을 이용해 수차를 돌려 전기를 만들고 빵을 굽는 빵집도 있다. 소규모의 수력발전과 풍력발전은 매우 우수한 지역에너지 공급원이 된다. 로컬이코노미는 공동체의 지역적 규모를 축소하여 인력이동을 가능케 하고, 결과적으로 낮은 수준의 에너지로 물류시스템을 작동시킬 수 있게 해준다.

저에너지 사회의 두번째 특징은 '유기화'라고 할 수 있다. 화석연료를 기반으로 한 고밀도 에너지물인 농약과 화학비료를 농장에 투입하지 않는 것은 물론 생활의 모든 면에서 화학물질을 사용하지 않

티트리(Tea tree) 오스트레일리아가 원산지인 상록교목의 일종으로, 오래전부터 원주민들은 이 나무의 잎을 상처의 소독제로 사용해왔다. 티트리의 잎에서 추출한 에센스오일은 각종 박테리아나 곰팡이균에 대한 항균작용을 하는 것으로 알려져 있으며 여드름 등 피부트러블의 치료에도 많이 쓰인다. 티트리오일은 좀약냄새와 비슷한 향을 낸다.

는 것이다. 합성세제, 드라이클리닝, 살충제 같은 것들은 비누와 티 트리오일, 붕산 등으로 대체될 수 있다. 페인트, 잉크, 비닐봉지 같은 것들도 다른 대안을 찾아야 한다. 대부분의 석유화학물질은 저에너 지의 유기물로 대체되어야 할 것이다.

또한 저에너지 사회에서는 인간동력이 더욱 중요해진다. 가사에서 사소한 것들이 먼저 인간동력으로 전환하게 될 것이다. 페달을 이용한 가정용 세탁기나 믹서기는 물론 빵집이나 정육점에서도 페달동력을 이용한 제분기와 커팅기를 사용하게 될 것이다. 헬스클럽에서는 고객의 힘을 전기로 만들어 자급하고, 크라우드 팜 같은 기술이 적절히 활용되면 지역에너지 공급에도 큰 기여를 할 수 있을 것이다. 특히 이동수단의 인간동력화는 조용하고 공해 없는 다양한 운송수단을 만들어낼 것이다. 우리는 머지않아 인력 모노레일, 자전거전용 고가도로의 탄생을 목격하게 될지도 모른다. 농업 분야에서도 기계화와는 반대의 방향 즉, 인력과 가축의 힘에 기반한 탈기계화가 진행될 것이다. 20세기 초부터 진행된 농업의 기계화가 인류의 삶의 질을 올려놓은 것은 사실이다. 그러나 기계화는 막대한 비료와 제초제와 농약을 요구했다. 결국 기계화는 농업에 투입되는 에너지투입량 자체를 크게 증가시켜놓았다. 화석연료가 음식보다 비싸지면, 즉 화석연료로 얻는 에너지가 인간의 노동력보다 비싸지면 우리는 농업에 더 이상 화석연료를 사용할 수 없게 될 것이다. 다른 분야에서도 유사한 현상이 연쇄적으로 일어날 것이다. 그리고 이런 날은 곧 온다.

누가 인간동력을 퇴보라 우기는가

자 동 차 한 대 를 제조하려면 자동차를 10년 정도 타는 데 드는 석유와 거의 같은 양의 에너지가 필요하다. 앞으로의 산업은 자동차를 발전시킨 것과는 정반대 방향으로 움직이게 될 것이다. 미래의 산업은 저에너지 기술에 집중할 수밖에 없다. 당연히 그 핵심에는 인간동력이 자리하게 될 것이다. 에너지를 적게 사용하되 불편하지 않은 장치와 기구들을 만들기 위해서는 고도의 테크놀로지가 필요하다. 앞서 소개한 바 있는 환경주의 저술가 마이클 폴란은 방목지를 가리켜 "최고의 태양광 발전판"이라고 말했다. 마찬가지로 인간동력은 "후기 산업사회의 하이테크"라고 말할 수 있겠다.

뉴질랜드의 놀이공원 '애그로벤처스 Agroventures'에는 후기산업사회의 하이테크가 어떤 식으로 인간동력을 사용하게 될지를 앞당겨 보여주는 놀이기구가 있다. 2007년 11월 이 공원에 새로 설치된 '쉬웁 Shweeb'은 세계최초의 인력 모노레일이다. 쉬웁은 세계 유수의 과학잡지들의 주목을 받았고 국내에도 신문을 통해 보도된 바 있다. 승객들은 자전거를 타듯이 페달을 밟아 길이가 200m인 두 개의 레일서킷을 달린다. 지면으로부터 높이는 2~4m, 최고속도는 시속 45km

인간동력에 기반한 1인승 모노레일 쉬웝은 SF영화의 한 장
면을 연상시킨다.

다. 설계자인 제프리 바넷 Jeffery R. Barnett은 쉬웝을 단순한 놀이시설
로 보지 않는다. 미래의 인간동력 운송수단의 모델이라는 것이다. 그
는 가까운 미래에 인력 모노레일이 대도시에 설치될 것으로 내다보
고 있다.

　아침에 일어나 아파트 2층으로 내려가면 쉬웝이 당신을 기다리고
있다. 당신은 쉬웝의 페달을 밟으며 교통정체로 꽉 막힌 도로를 내려
다 보며 유유히 직장에 도착한다. 주차료를 낼 필요도 없다. 쉬웝은
대형마트의 쇼핑카트처럼 필요한 사람이라면 누구나 이용할 수 있는
대중운송수단으로 발전할 수 있다. 설치만 정책적으로 이루어진다
면 연료비는 승객의 근육이 각자 부담하기 때문이다. 인간동력은 결

코 시계바늘을 거꾸로 돌리려는 고집스러운 시도가 아니다. 쉬웁이 보여주고 있는 것처럼, 인간동력은 퇴보가 아니라 진정한 진보다.

신체를 많이 움직이는 사람은 신체뿐만 아니라 정신적으로도 더 건강해지는 경향이 있다. 1996년 미국 보건성 리포트를 보면, 몸을 덜 움직이는 사람들에 비해 몸을 많이 움직이는 사람들은 자아관, 자긍심, 자제력, 긍정적 정서, 애정도 등에 있어 더 높은 점수를 받았다. 정신건강뿐 아니라 인지능력에서도 신체활동이 많은 사람들이 더 우수했다. 2004년 미국 신경과학회지에 발표된 10년간의 노년층 연구에서는 규칙적으로 강도 높은 운동을 하는 사람들이 신체활동이 전혀 없는 사람들에 비해 지능지수가 더 높았다. 현대의학은 '통합적 치료'의 사례들을 통해 마음과 몸이 서로 분리된 것이 아니라 사실상 하나임을 증명해가고 있다. 환자의 몸을 통해 마음을 열기도 하고, 환자의 마음을 움직여 신체의 질병을 치료하기도 하는 것이다.

뉴욕에 있는 '세인트 누가-루스벨트 병원'의 데이비드 앨리슨 David Allison 박사는 'TV사이클'이라는 장치를 고안했다. TV에 페달을 연결한 것으로, 누군가가 이 장치로 TV를 보려면 페달을 밟아야 한다. 데이비드는 이 TV사이클을 비만아동들을 치료하기 위한 목적으로 사용했다. 실험에 참여한 6명의 12세 비만아동들의 가정에는 일반 TV가 치워지고 TV사이클이 설치되었다. 그리고 불과 10주 만에 6명 전원의 체지방은 2% 감소했다. TV사이클의 실험은 우리가 인간동력을 주요한 동력원으로 사용하게 될 때 거둘 수 있는 수많은 긍정적인 효과들 중 하나에 불과하다.

맹자는 '마음을 수고롭게 하는 일勞心'과 '육체를 수고롭게 하는 일勞力'로 정신노동과 육체노동의 분업을 표현했다. 하지만 인간동력은 오랫동안 분리되어 있던 노심과 노력을 다시 하나로 합쳐나가게 될 것이다. 그로 인해 우리가 얻게 될 신체적·정신적 이득은 실로 무궁무진할 것이다. 우리는 혹시 몸을 움직이지 않고 있는 시간에 늘 중요한 일을 하고 있다고 착각하며 살고 있는 것은 아닐까? 세상에서 가장 깨끗하고 건강하고 유쾌한 에너지, 인간동력의 최대수혜자는 바로 우리들 자신이다.

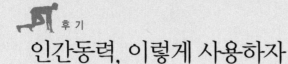

인간동력, 이렇게 사용하자

우 리 가 과 거 의 노예제도를 비난하듯이 우리의 후세대들은 우리의 고에너지 문명을 비난할 것이라는 생각이 들 때마다 씁쓸해진다. 현대문명은 노예제도 못지않게 약탈적이다. 우리는 화석연료를 비롯한 대부분의 부존자원을 그야말로 약탈적으로 사용해왔다. 우리가 이미 써버린 자원들 중 대부분은 사실상 우리 후손들 몫이었다.

시간과 예산 관계로 방송에서는 미처 다 보여주지 못했던 인간동력장치들을 소개한다. 여기에 소개하는 인간동력장치들에도 두 가지 공통된 특징이 있다. 인간동력을 가능하게 하는 가장 중요한 요소인 '펀 파워'와 그것을 가능하게 하는 '하이테크'다.

4륜구동 오프로드 머신

인간동력만으로 4륜구동 오프로드가 가능할까? 물론 가능하다. '트레일카트Trailcart'는 포스트오일 세대를 위한 미래형 오프로드 머신이라고 할 수 있다. 2008년 봄 독일 바드 키싱겐에서 열린 오프로드 컨벤션, 휘발유를 곱배기로 먹어대고 가공할 이산화탄소를 배출하는 4륜자동차들 사이에서 트레일카트라는 인간동력 오프로드 머신이 호기심에 찬 군중들을 끌어들이고 있었다. 발명자는 프랑크 프라우네Frank Fraune.

트레일카트는 제지 관련 장비를 만드는 독일의 AS그룹의 지원으로 제작되고 있다. 지역신문에서 트레일카트에 관한 기사를 본 AS그

룹의 경영진들이 발명자 프랑크 프라우네에게 연락을 해왔던 것이다. 이후 트레일카트의 개발은 급물살을 탔다. 24시간 산악자전거 세계 챔피언인 크리스토프 뢰륵스Christoph Lörcks가 현재 2륜MTB에서 얻은 자신의 경험을 트레일카트에 전수하기 위해 개발팀에 합류한 상태다.

한편 랜드로버 사는 2008년 말레이시아에서 열리는 랜드로버 어드벤처 투어에 번외종목으로 사용할 목적으로 트레일카트를 구입하기도 했다. 랜드로버는 현재 자사의 장애물주행코스에서 이 페달자동차를 테스트중이다.

오프로드 컨벤션에서 트레일 카트는 큰 인기를 모았다. 성인용으로 제작되었지만 좌석만 조절하면 청소년들도 얼마든지 즐길 수 있다. 트레일 카트는 고정식 4륜구동에 400mm 액슬 디스플레이스먼트로 장애물을 정복한다. 토크 파워는 290N·m이다. 수동식 유압브레이크가 채택되었으며 하이엔드 스포츠 자전거용 부품들을 사용해서 견고함을 보장한다. 당신의 취미가 오프로드라면 거대한 디젤엔진을 쓰는 대신 두 다리와 페달을 쓰는 신기종으로 개종해보라고 권하고 싶다.

그린 익스프레스

캐나다 온타리오의 시민단체인 '온타리오 인력수송협회'가 2007년에 만든 세계최초의 인력 기차다. 놀이공원, 시민축제 등에 대여되고 있는데, 최대 15명까지 탑승할 수 있으며 운행에 개개인

의 힘은 거의 들지 않는다. '그린 익스프레스Green Express'라는 명칭이 붙어 있다. 제작자들이 내건 기치는 역시 '펀 파워'다.

발전배낭

배낭을 메고 걸으면 배낭이 위아래로 조금씩 들썩거리기 마련이다. 바로 그 '들썩이는 에너지'를 이용해 발전을 한다는 아이디어다. 이 배낭만 있으면 노트북과 핸드폰 같은 개인용 전자제품들의 배터리가 떨어질 걱정이 전혀 없다. 전기가 없는 곳에서도 소형 전자제품들을 사용하는 데 아무 문제가 없다. 정식명칭은 'Suspended load back pack'. 펜실베니아 주립대학의 생물학자 로렌스 롬Lawrence Rome 교수의 작품이다. 인간이 걷거나 뛸 때 근육이 어떻게 동작하는지를 줄곧 연구해온 롬 교수는 인간의 자연스러운 움직임을 이용한 휴대용 발전기를 만들어달라는 미 해군의 의뢰로 이 배낭을 개발했다. 이 배낭을 사용해본 사람들은 한결같이 "일반 배낭보다 편하고 놀랍도록 잘 작동된다!"며 감탄한다.

회전목마

캘리포니아의 데이비스 시 중앙공원에는 인간동력으로 돌아가는 회전목마가 있는데 '하늘을 나는 산들바람'이라는 낭만적인 이름이 붙

어 있다. 리컴번트형 자전거
처럼 생긴 페달이 달려 있어
한 사람의 힘만으로 아이들
10여 명을 태운 회전목마가
가볍게 돌아간다. 아이들이
타는 목마는 진짜 목재로 만

들어졌는데, 상당한 수준의 목각예술품이어서 툭하면 도난당하기
일쑤였다고 한다. 참다 못한 시당국에서 도난방지책으로 둘레에 철
책을 세웠다.

　데이비스 시의 중앙공원은 '파머스 마켓'으로도 유명하다. 지역에
서 생산된 농산물들을 생산자가 직접 들고 나와 시민들에게 파는 로
컬푸드 시장이다. 인간동력 회전목마는 장이 서는 주말에만 운행된
다. 한 번 타는 데 1달러, 수익금은 근처의 한 초등학교를 위해 사용
된다. 아버지들이 돌아가면서 태워주는 회전목마는 보기만 해도 정
겹다.

중력가속기

미항공우주국(NASA)의 '중력생물학센터(Center for Gravitational
Biology Research)'에는 인간동력 중력가속기가 있다. 누워 있는 상
태로 페달을 돌리면 피실험자의 다리 쪽에 중력이 걸리는 방식이다.

최대 5G까지 출력이 가능하다. 탑
승자 2명 중 한 명이 페달을 밟도
록 고안되어 있고, 탑승자들이 동
력을 제공할 수 없는 실험을 해야
할 때는 외부에서 제3자가 페달을
대신 돌려줄 수도 있다. 중력과 인간의 생리적·심리적 반응과의 상
관관계를 사람의 힘만을 이용해 실험하는 것이 목표.

군중 보일러

크라우드 팜은 군중의 발걸음을 전기로 바꾸는 발전마루 같은 방식
이외에도 군중의 체온을 이용하는 방식으로도 구현이 가능하다. 스
웨덴에서는 움직이는 군중이 발산하는 체온을 건물의 난방에 이용하
려는 계획이 진행중이다. 1871년에 지어진 스톡홀름 중앙역은 스웨
덴 최대의 역으로 하루에 25만 명이 오고간다. 스웨덴 국가주택행정
부Jernhuset는 중앙역 방문객들이 발산하는 체열을 모아 새로 짓는 주
상복합건물에 이용할 계획이다. 중앙역에 파이프를 설치해 실내의
열기를 모으고, 이를 새 건물에 전달해 난방에 사용하는 방식이다.
프로젝트 책임자인 카를 준트홀름Karl Sundholm는 이렇게 말한다.

　"이것은 파이프, 물, 펌프로 이루어진 오래된 기술입니다. 단지 새
로운 방식으로 이용될 뿐이지요."

페달카페

페달카페는 주로 파티용으로 렌탈
되는데, 현재 41대의 페달카페가
네덜란드 전역에서 불티나게 임대
되고 있다. 파티용으로 자전거를
쓰는 방법이 없을까 고민하던 사람
이 2006년에 44대를 만들어 3대는
팔고 41대는 임대용으로 쓰고 있는
데 장사가 썩 잘된다고 한다.

네덜란드 촬영 마지막날 우리는 암스테르담에서 남쪽으로 두 시
간 거리에 있는 어느 작은 도시의 청년들이 파티를 벌이기 위해 페달
카페를 빌려 타는 모습을 취재했다. 페달카페가 인기인 이유는 탄 채
로 술을 마셔도 된다는 것. 법적으로는 자전거이므로 '음주운전'도
가능하다.

바텐더를 담당한 청년이 앞쪽의 술통에서 진짜 맥주를 퍼서 승객
들에게 나누어주었다. 엔진에 해당하는 승객들이 맥주를 마시고 흥
겹게 노래하며 시내를 주행하는 동안 운전석에서 핸들을 잡은 청년
은 술을 한 모금도 마시지 않았다. 인간동력은 법망을 피해가는 데도
요긴하다. 이런 모습 역시 인간동력이 우리의 생활 깊숙이 자리잡아
가고 있다는 하나의 방증이 아닐까.

리버짐

리버짐 River Gymnasium은 뉴욕의 건축가인 미첼 조아킴Mitchell Joachim의 디자인작품으로, 〈뉴욕 매거진〉에서 주최한 '헬스클럽 디자인 공모전'의 수상작이다.

리버짐의 개념은 한마디로 헬스클럽에서 운동하는 사람들이 맨해튼 페리선의 동력원이 된다는 것이다. 답답한 실내에서 거울이나 모니터를 멍하니 바라보며 운동하는 대신 쾌적한 배 안에서 뉴욕의 멋진 스카이라인을 감상하면서 운동할 수 있다는 게 정글짐의 매력이다. 그 와중에 뉴욕의 허드슨 강과 이스트 강을 오가며 여객을 실어나를 수 있다. 15분이 소요되는 왕복코스에는 큰 모델과 작은 모델 두 가지를 운용하고, 인원이 많이 필요한 대형 짐은 출퇴근 피크타임에만 운행한다는 아이디어다. 현실화되기에는 아직 많은 시간이 필요해 보이지만, 리버짐이 뉴요커들의 관심을 한몸에 받고 있는 것을 보면 현실화는 이미 시작된 것이 아닐까.

〈Food, Energy and Society〉, David Pimentel

〈Heart and Emotion ; Ambulatory Monitoring Studies in Everyday Life〉
Michael Myrtek, Hogrefe & Huber, 2004

〈How To Live Well Without Owing a Car〉 Chris Balish, Ten Speed Press,
2006

"Human Generated Power for Mobile Electronics", Thad Starner & Joseph
A. Paradiso, 〈Low Power Electronics Design〉, CRC Press, Fall 2004

"Eco-design and human-powered products", Thierry Kazazian & Arjen
Jansen

"A Human Power Conversion System Based on Children's Play",
Shunmugham R. Pandian

"Systems for Human-Powered Mobile Computing" Joseph A. Paradiso,
Responsive Environments Group, MIT Media Laboratory E15-327

"Sunrise for Energy Harvesting Products" Jan Krikke,
PERVASIVEcomputing, 2005, IEEE CS and IEEE ComSoc

"HUMAN POWER, A SUSTAINABLE OPTION FOR ELECTRONICS", A J.
Jansen, A.L.N. Stevels, Delft University of Technology, Faculty of Design,
Engineering and Production

"Human powered energy systems in consumer products, challenges ahead"
A J. Jansen, Delft University of Technology, Faculty of Design, Engineering
and Production

"Man power: a great alternative", Meg Carter, The Independent, 26 October 2006

History of the Recumbent, Cycle Genius,
http://www.cyclegenius.com/history.php

PEDAL POWERED INNOVATIONS, Bart Orlando & HSU Students At CCAT,
http://www.humboldt.edu/~ccat/pedalpower/

John's CAR FREE Life
http://home.earthlink.net/~jakre/carfree/freelif.htm#Life

〈당신의 차와 이혼하라〉 케이티 앨버드, 돌베개, 2004

〈사우디아라비아 석유의 비밀〉 매튜 사이먼스, 상상공방, 2007

〈석유의 종말〉 폴 로버츠, 도서출판 서해문집, 2004

〈아톰의 시대에서 코난의 시대로〉 강양구, 프레시안 북, 2007

〈잡식동물의 딜레마〉 마이클 폴란, 서울 ; 다른세상, 2008

〈파티는 끝났다〉 리처드 하인버그, 시공사 2006

〈행복은 자전거를 타고 온다〉 이반 일리히,